McGraw-Hill

Mis matemáticas

¡Este es tu propio libro de matemáticas! Puedes escribir en él, dibujar, encerrar en círculos y colorear a medida que exploras el apasionante mundo de las matemáticas.

Empecemos ahora mismo. Toma un crayón y haz un dibujo que muestre lo que significan las matemáticas para ti.

¡Diviértete!

Dibuja en este espacio.

connectED.mcgraw-hill.com

STEM McGraw-Hill is committed to providing instructional materials in Science, Technology, Engineering, and Mathematics (STEM) that give all students a solid foundation, one that prepares them for college and careers in the 21st century.

Send all inquiries to:
McGraw-Hill Education
STEM Learning Solutions Center
8787 Orion Place
Columbus, OH 43240

ISBN: 978-0-02-123396-0 *(Volume 2)*
MHID: 0-02-123396-9

Printed in the United States of America.

10 11 12 LWI 17

Our mission is to provide educational resources that enable students to become the problem solvers of the 21st century and inspire them to explore careers within Science, Technology, Engineering, and Mathematics (STEM) related fields.

¡Conoce a los artistas!

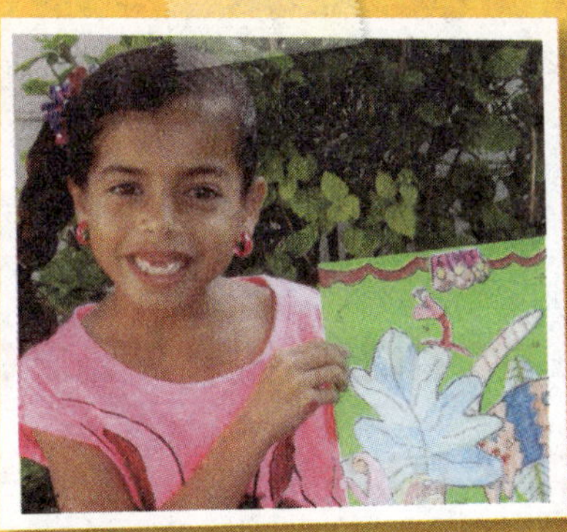

Alyssa Gonzalez

El rey de las mates en la jungla Esta fue una gran experiencia similar a estar en una montaña rusa. Muchos amigos y familiares me apoyaron en esta competencia y muchos niños de mi escuela se beneficiarán con esto. *Volumen 1*

Finley Moss

Las mates son de rechupete Se me ocurrió la idea porque a mi mamá y a mí nos encanta hornear pasteles y para hacerlo se necesita tiempo y medición. Soñaba cómo se sentiría ganar, y ¡estoy muy emocionada! Después de todo, ¡las mates son de rechupete! *Volumen 2*

Otros finalistas

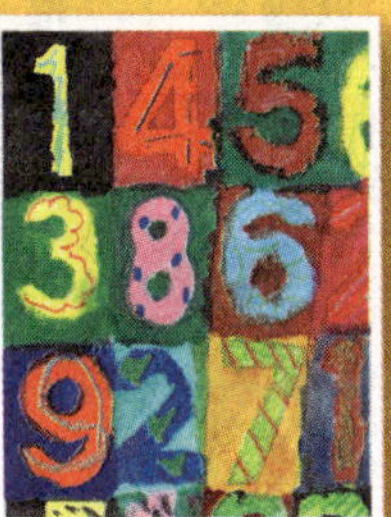

Landre Kate Beeler
Explosión de números para mí

Clase de Sherry Bergeron*
La mates hacen de nuestro mundo un mejor lugar

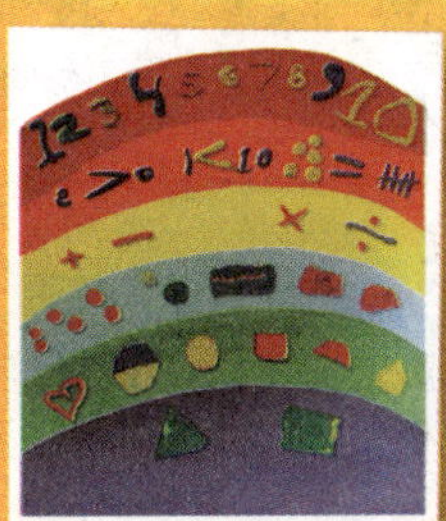

Clase de Sally Barmakian*
Las mates son un arcoíris de aprendizaje

Kamya Cooperwood
Mono

Judson Upchurch
Me gustan los números

Charles "Greyson" Biggs
Arcoíris de posibilidades

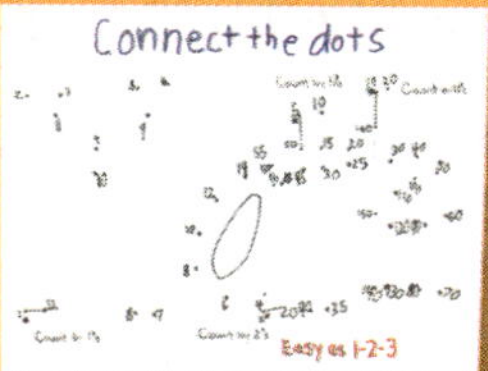

Leah Rauch
Une los puntos

Andrew Morris
El mundo diseñado por las mates

Matthew Saldivat
El matemático en el cielo

Ngun Za Cin
Escultura de figura tridimensional

Visita www.MHEonline.com para obtener más información sobre los ganadores y otros finalistas.

Felicitamos a todos los participantes del concurso "Lo que las mates significan para mí" organizado por McGraw-Hill en 2011 para diseñar las portadas de los libros de *Mis matemáticas*. Hubo más de 2,400 participantes y recibimos más de 20,000 votos de miembros de la comunidad. Los nombres que aparecen arriba corresponden a los dos ganadores y los diez finalistas de este grado.

** Visita mhmymath.com para ver la lista completa de los estudiantes que contribuyeron a esta ilustración.*

Encontrarás todo en connectED.mcgraw-hill.com

Visita el Centro del estudiante, donde encontrarás el *eBook,* recursos, tarea y mensajes.

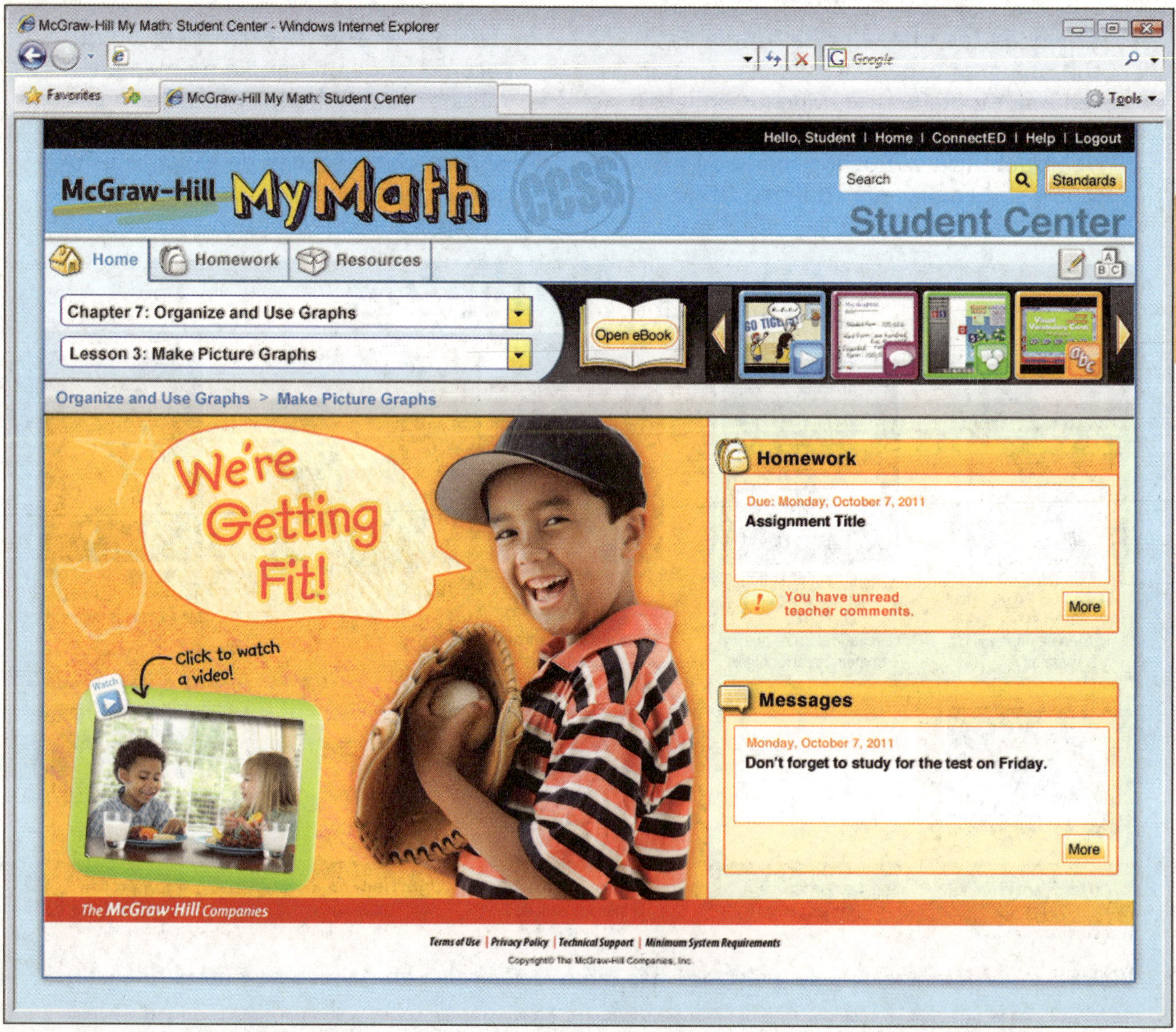

McGraw-Hill My Math: Student Center - Windows Internet Explorer

Favorites | McGraw-Hill My Math: Student Center | Tools

Hello, Student | Home | ConnectED | Help | Logout

McGraw-Hill My Math

Search | Standards

Student Center

Home | Homework | Resources

Chapter 7: Organize and Use Graphs

Lesson 3: Make Picture Graphs

Open eBook

Organize and Use Graphs > Make Picture Graphs

We're Getting Fit!

Click to watch a video!

Watch

Homework

Due: Monday, October 7, 2011

Assignment Title

You have unread teacher comments.

More

Messages

Monday, October 7, 2011

Don't forget to study for the test on Friday.

More

The McGraw-Hill Companies

Terms of Use | Privacy Policy | Technical Support | Minimum System Requirements

Copyright© The McGraw-Hill Companies, Inc.

Usuario

Contraseña

Busca recursos en línea que te servirán de ayuda en clase y en casa.

Vocabulario

Busca actividades para desarrollar el vocabulario.

Observa

Observa animaciones de conceptos clave.

Herramientas

Explora conceptos con material didáctico virtual.

Comprueba

Haz una autoevaluación de tu progreso.

Ayuda en línea

Busca ayuda específica para tu tarea.

Juegos

Refuerza tu aprendizaje con juegos y aplicaciones.

Tutor

Observa cómo un maestro explica ejemplos y problemas.

CONEXIÓN móvil

Escanea este código QR con tu dispositivo móvil* o visita mheonline.com/stem_apps.

*Es posible que necesites una aplicación para leer códigos QR.

Available on the App Store

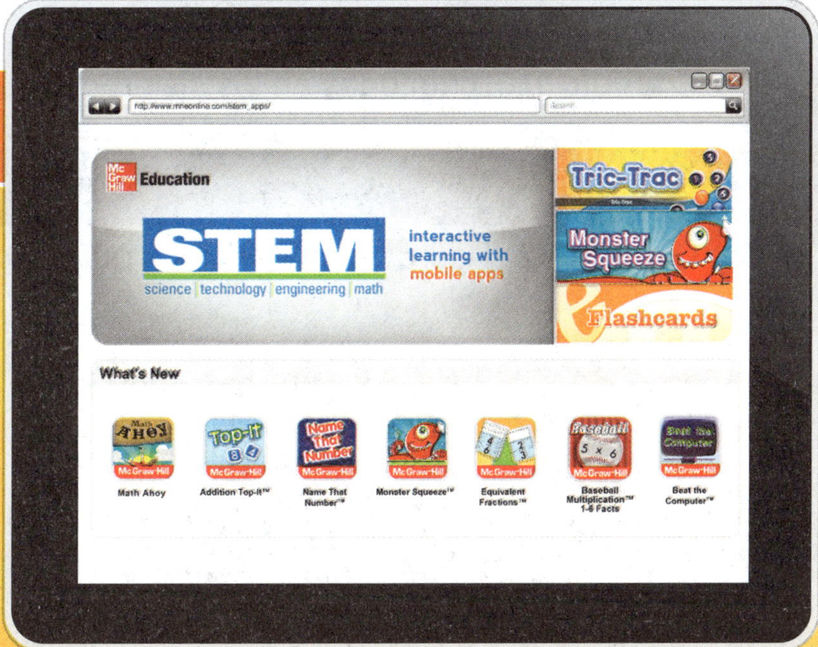

Resumen del contenido

Organizado por área

Estándares estatales

Estándares para las **PRÁCTICAS matemáticas**

Integrados en todo el libro

Capítulo 1

Aplicar los conceptos de suma y de resta

PREGUNTA IMPORTANTE
¿Qué estrategias puedo usar para sumar y restar?

Para comenzar

¡Yo ♥ los animales!

Lecciones y tarea

Para terminar

connectED.mcgraw-hill.com

¡Busca este símbolo!
Observa
Conéctate para ver videos que te ayudarán a aprender los temas de las lecciones.

Capítulo 2 Patrones numéricos

PREGUNTA IMPORTANTE
¿Cómo me ayudan a sumar los grupos iguales?

Para comenzar

Lecciones y tarea

Para terminar

¡Hola!

connectED.mcgraw-hill.com

Capítulo 3 Sumar números de dos dígitos

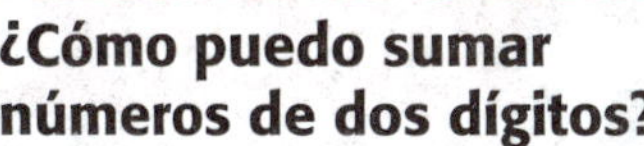

¿Cómo puedo sumar números de dos dígitos?

Para comenzar

Lecciones y tarea

Para terminar

¡Formamos una gran pareja!

¡Busca este símbolo!

Ayuda en línea

Conéctate para recibir ayuda adicional mientras haces tu tarea.

Capítulo 4 Restar números de dos dígitos

PREGUNTA IMPORTANTE
¿Cómo puedo restar números de dos dígitos?

Para comenzar

Lecciones y tarea

Para terminar

connectED.mcgraw-hill.com

Capítulo 5 El valor posicional hasta el 1,000

PREGUNTA IMPORTANTE
¿Cómo puedo usar el valor posicional?

Para comenzar

Lecciones y tarea

¡Mira cómo he crecido!

Para terminar

¡Busca este símbolo! Conéctate para buscar herramientas que te ayudarán a explorar conceptos.

Capítulo 6

Sumar números de tres dígitos

PREGUNTA IMPORTANTE
¿Cómo puedo sumar números de tres dígitos?

Para comenzar

Lecciones y tarea

Para terminar

connectED.mcgraw-hill.com

Capítulo

Restar números de tres dígitos

PREGUNTA IMPORTANTE
¿Cómo puedo restar números de tres dígitos?

Para comenzar

Lecciones y tarea

Para terminar

¡Busca este símbolo!

Conéctate para buscar actividades que te ayudarán a desarrollar tu vocabulario.

Tú + la escuela = diversión

connectED.mcgraw-hill.com

Capítulo

El dinero

PREGUNTA IMPORTANTE
¿Cómo cuento y uso el dinero?

Para comenzar

Lecciones y tarea

Para terminar

¡Busca este símbolo!
Comprueba
Conéctate para comprobar tu progreso.

Capítulo 9

Análisis de datos

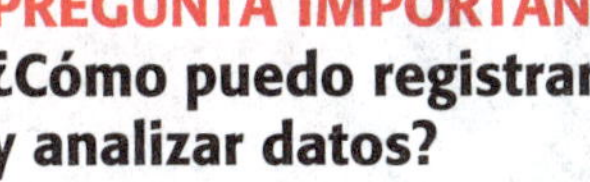

PREGUNTA IMPORTANTE
¿Cómo puedo registrar y analizar datos?

Para comenzar

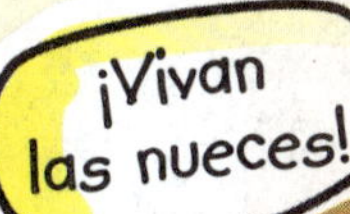

Lecciones y tarea

Para terminar

connectED.mcgraw-hill.com

Capítulo 10 La hora

PREGUNTA IMPORTANTE
¿Cómo uso y digo la hora?

Para comenzar

Lecciones y tarea

Para terminar

¡Llegó la hora de nuestro viaje!

connectED.mcgraw-hill.com

Capítulo 11 Longitudes en los sistemas usual y métrico

PREGUNTA IMPORTANTE
¿Cómo puedo medir objetos?

Para comenzar

Lecciones y tarea

Para terminar

connectED.mcgraw-hill.com

Capítulo 12 Figuras geométricas y partes iguales

PREGUNTA IMPORTANTE
¿Cómo uso figuras y partes iguales?

Para comenzar

Lecciones y tarea

Para terminar

Vamos amigos. ¡Comprobémoslo!

connectED.mcgraw-hill.com

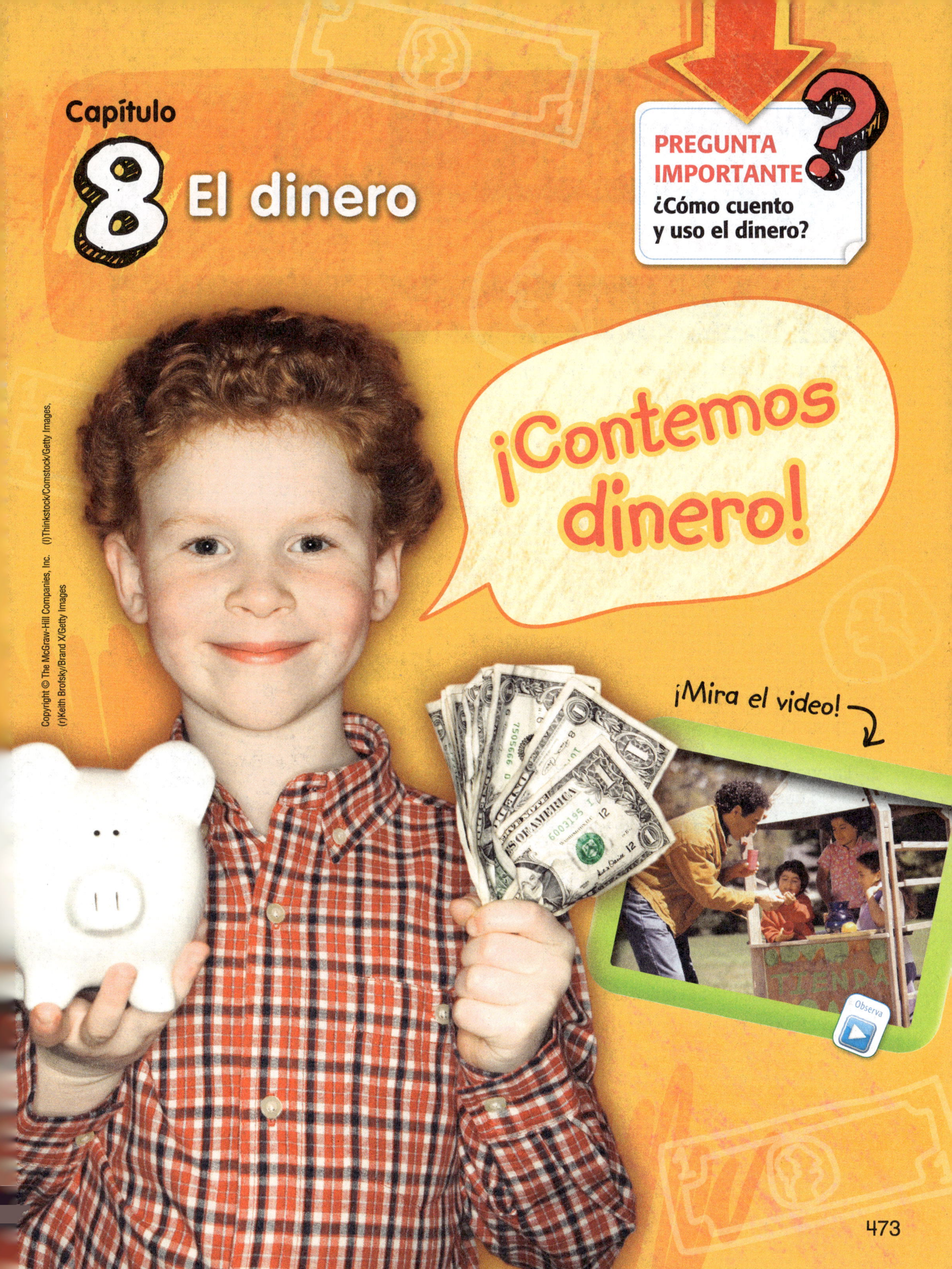
Capítulo
8 El dinero
PREGUNTA IMPORTANTE
¿Cómo cuento y uso el dinero?
¡Contemos dinero!
¡Mira el video!
TIENDA
Observa

Mis estándares estatales

Medición y datos

2.MD.8 Resolver problemas que involucren billetes y monedas (de 25, 10, 5 y 1 centavos), usando correctamente los símbolos $ y ¢.

Estándares para las
PRÁCTICAS matemáticas

1. Entender los problemas y perseverar en la búsqueda de una solución.
2. Razonar de manera abstracta y cuantitativa.
3. Construir argumentos viables y hacer un análisis del razonamiento de los demás.
4. Representar con matemáticas.
5. Usar estratégicamente las herramientas apropiadas.
6. Prestar atención a la precisión.
7. Buscar una estructura y usarla.
8. Buscar y expresar regularidad en el razonamiento repetido.

= Se trabaja en este capítulo.

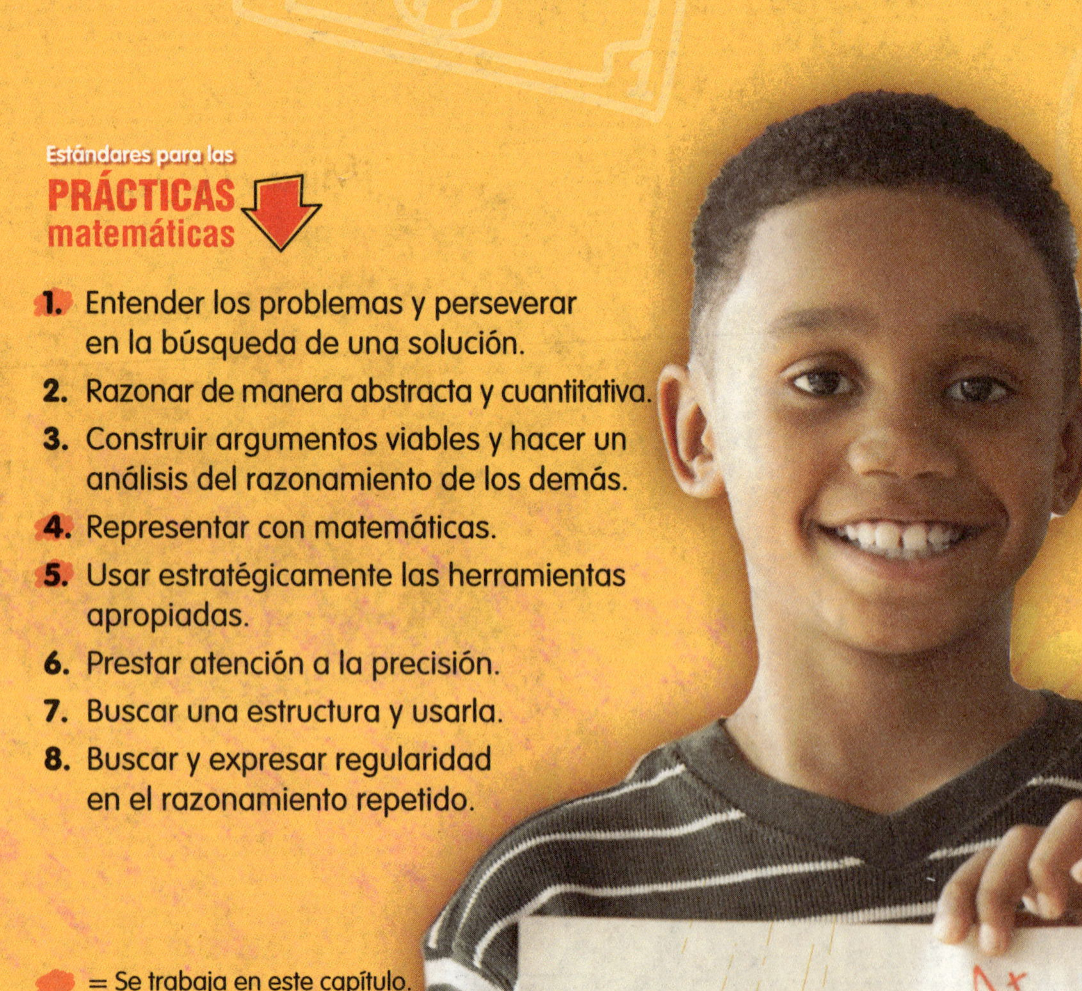

Nombre

Antes de seguir...

← Conéctate para hacer la prueba de preparación.

1. Cuenta de 5 en 5.

5, 10, 15, 20, 25, 30

2. Cuenta de 10 en 10.

10, 20, 30, 40, 50, 60

Sigue contando para sumar.

3. 25 + 1 = 26

4. 30 + 2 = 32

5. 18 + 3 = 21

6. 16 + 4 = 20

7. 20 + 5 = 25

8. 35 + 10 = 45

9. Carla está contando sus mitones. Cuenta de 2 en 2 hasta 12. ¿Cuántos pares de mitones tiene Carla?

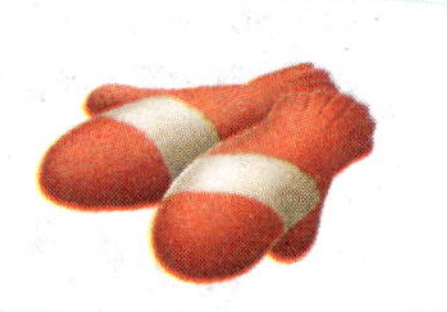

6 pares

¿Cómo me fue?

Sombrea las casillas para mostrar los problemas que respondiste correctamente.

1	2	3	4	5	6	7	8	9

Nombre ....

Las palabras de mis mates

Repaso del vocabulario

contar salteado   grupos iguales   suma repetida

Observa los ejemplos. Completa las oraciones para describir el ejemplo. Luego, escribe el enunciado de suma repetida.

Ejemplo	Describe	Escribe
	Grupos iguales de ___. Cuenta de ___ en ___.	
	Grupos iguales de ___. Cuenta de ___ en ___.	
	Grupos iguales de ___. Cuenta de ___ en ___.	

Mis tarjetas de vocabulario

Lección 8–1

centavo

 → 1 centavo

 → 5 centavos

Lección 8–7

dólar

 100 centavos

 100 ¢

Lección 8–1

moneda de 1¢

 1 centavo 

1¢

Lección 8–2

moneda de 5¢

 5 centavos 

5¢

Lección 8–3

moneda de 10¢

 10 centavos 

10¢

Lección 8–4

moneda de 25¢

 25 centavos 

25¢

Instrucciones para el maestro: Sugerencias

- Pida a los estudiantes que piensen en palabras que rimen con algunas de las palabras.
- Pida a los estudiantes que organicen las tarjetas en orden alfabético.
- Diga a los estudiantes que inventen adivinanzas para las palabras. Pídales que trabajen con un compañero o una compañera para adivinar la palabra en cada tarjeta.

Un dólar tiene un valor de 100 centavos o 100¢.

Una moneda de 1¢ es igual a un centavo o 1¢. Cinco monedas de 1¢ son iguales a 5 centavos o 5¢.

Una moneda de 5¢ tiene un valor de cinco centavos o 5¢.

Una moneda de 1¢ tiene un valor de un centavo o 1¢.

Una moneda de 25¢ tiene un valor de veinticinco centavos o 25¢.

Una moneda de 10¢ tiene un valor de diez centavos o 10¢.

Mis tarjetas de vocabulario

PRÁCTICAS matemáticas

Lección 8-1

signo de centavo (¢)

1 ¢

5 ¢

Lección 8-7

signo de dólar ($)

$1 o $1.00

Instrucciones para el maestro: Más sugerencias

- Pida a los estudiantes que usen una tarjeta en blanco para escribir la pregunta importante del capítulo. Pídales que usen el reverso de la tarjeta para escribir o dibujar ejemplos que los ayuden a responder la pregunta.
- Pida a los estudiantes que usen las tarjetas en blanco para escribir sus propias tarjetas de vocabulario.

El signo que se usa para representar dólares.

El signo que se usa para representar centavos.

Mi modelo de papel

FOLDABLES® Sigue los pasos que aparecen en el reverso para hacer tu modelo de papel.

Kim

Jazmín

Eva

Ryan

Nathan

Roberto

Nombre

Monedas de 1¢, 5¢ y 10¢

Lección 1

PREGUNTA IMPORTANTE
¿Cómo cuento y uso el dinero?

Explorar y explicar

monedas de 1¢ ______

monedas de 5¢ ______

monedas de 10¢ ______

Instrucciones para el maestro: Diga a los niños: *Usen monedas de 1¢, 5¢ y 10¢. Ordenen las monedas. Hallen el valor de cada grupo de monedas. Escriban el valor en cada dispensador de pelotas.*

PRÁCTICAS matemáticas

Ver y mostrar

Pista
El signo ¢ representa centavos.

moneda de 10¢ = 10¢	**moneda de 5¢** = 5¢	**moneda de 1¢** = 1¢
Cuenta de 10 en 10.	Cuenta de 5 en 5.	Cuenta de 1 en 1.

10¢ 20¢	5¢ 10¢	1¢ 2¢

Para hallar el valor de las monedas, empieza a contar con la moneda de mayor valor.

10¢, 20¢, 25¢, 30¢, 31¢, 32¢ = 32¢

Cuenta para hallar el valor de las monedas.

1.   

____¢, ____¢, ____¢ = ____¢

2.      

____¢, ____¢, ____¢, ____¢, ____¢, ____¢ = ____¢

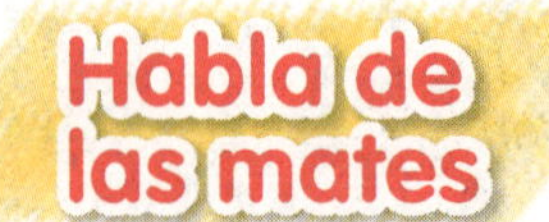

¿Cuántas monedas de 10¢ son iguales a 70 centavos?

Nombre ....

CCSS

Por mi cuenta

Cuenta para hallar el valor de las monedas.

3.     

_____¢, _____¢, _____¢, _____¢, _____¢ = _____¢

4.       

_____¢, _____¢, _____¢, _____¢, _____¢, _____¢, _____¢ = _____¢

5.       

_____¢, _____¢, _____¢, _____¢, _____¢, _____¢, _____¢ = _____¢

6.       

_____¢, _____¢, _____¢, _____¢, _____¢, _____¢, _____¢ = _____¢

Resolución de problemas

7. Jaime tiene 6 monedas de 10¢ y 4 monedas de 5¢. Si pierde 2 de cada una, ¿cuánto dinero tiene todavía?

______ ¢

8. Marcia quiere comprar cuentas que cuestan 80¢ para hacer una pulsera de amistad. Si tiene 2 monedas de 5¢, ¿cuántas monedas de 10¢ necesita para comprar las cuentas?

______ monedas de 10¢

9. David tiene algunas monedas de 10¢. Le da a Luis 4 monedas de 10¢. Le da a Kim 3 monedas de 10¢. ¿Cuánto dinero regaló?

______ ¢

Problema S.O.S. Paulo encuentra 5 monedas de 10¢ y 2 monedas de 5¢. Las cuenta y dice que tiene 50¢. Di por qué Paulo está equivocado. Corrígelo.

______

______

______

Nombre ______________________

Mi tarea

Lección 1
Monedas de 1¢, 5¢ y 10¢

Pista
El signo ¢ representa centavos.

Asistente de tareas

¿Necesitas ayuda? connectED.mcgraw-hill.com

moneda de 10¢ = 10¢

Cuenta de 10 en 10.

10¢, 20¢

moneda de 5¢ = 5¢

Cuenta de 5 en 5.

5¢, 10¢

moneda de 1¢ = 1¢

Cuenta de 1 en 1.

1¢, 2¢

Para hallar el valor de las monedas, empieza a contar con la moneda de mayor valor.

10¢, 20¢, 25¢, 30¢, 31¢, 32¢ = 32¢

Cuenta para hallar el valor de las monedas.

1.     

_____¢, _____¢, _____¢, _____¢, _____¢ = _____¢

2.      

_____¢, _____¢, _____¢, _____¢, _____¢, _____¢ = _____¢

Cuenta para hallar el valor de las monedas.

3.      

____¢, ____¢, ____¢, ____¢, ____¢, ____¢ = ____¢

4.      

____¢, ____¢, ____¢, ____¢, ____¢, ____¢ = ____¢

5. Ken tiene 80¢. Su amigo tiene 4 monedas de 10¢. ¿Cuántas monedas de 5¢ necesita su amigo para tener la misma cantidad de dinero que Ken?

____ monedas de 5¢

Comprobación del vocabulario

Encierra en un círculo la respuesta correcta.

6. **moneda de 10¢**

Las mates en casa Pida a su niño o niña que cuente monedas hasta 90¢.

Nombre ____________________

Monedas de 25¢

Lección 2

PREGUNTA IMPORTANTE
¿Cómo cuento y uso el dinero?

Explorar y explicar

Herramientas

CONTADOR MÁGICO DE DINERO

monedas de 25¢	monedas de 10¢	monedas de 5¢	monedas de 1¢
______	______	______	______

Instrucciones para el maestro: Pida a los estudiantes que usen monedas de 25¢, 10¢, 5¢ y 1¢. Diga: *Ordenen las monedas en la columna correcta. Cuenten para hallar el valor de las monedas. Escriban el valor en cada columna.*

Ver y mostrar

moneda de 25¢ = 25¢

Cuenta de 25 en 25.

25¢, 50¢, 75¢

Pista
Recuerda que el signo ¢ representa centavos.

Empieza a contar con la moneda de mayor valor.

____¢, ____¢, ____¢, ____¢, ____¢, ____¢, ____¢ = ____¢

Cuenta para hallar el valor de las monedas.

1.      

____¢, ____¢, ____¢, ____¢, ____¢, ____¢ = ____¢

2.      

____¢, ____¢, ____¢, ____¢, ____¢, ____¢ = ____¢

Habla de las mates ¿Cuántas monedas de 25¢ necesitas para formar 100¢?

Nombre ....

CCSS

Por mi cuenta

Cuenta para hallar el valor de las monedas.

3.       

_____¢, _____¢, _____¢, _____¢, _____¢, _____¢, _____¢ = _____¢

4.    

_____¢, _____¢, _____¢, _____¢ = _____¢

5.       

_____¢, _____¢, _____¢, _____¢, _____¢, _____¢, _____¢ = _____¢

¿Cuántas monedas de 25¢ necesitas para comprar cada artículo?

6. 

_______ monedas de 25¢

7. 

_______ monedas de 25¢

8. 

_______ monedas de 25¢

Resolución de problemas

Usa la información para responder las preguntas.

9. David encontró una moneda de 25¢, una moneda de 10¢ y tres monedas de 5¢ debajo del sofá. Su mamá le dio otra moneda de 25¢. ¿Tiene suficiente dinero para comprar un boleto para el partido escolar de básquetbol que cuesta 50¢?

_____

¿Puede comprar también David una caja de jugo que cuesta 25¢?

_____

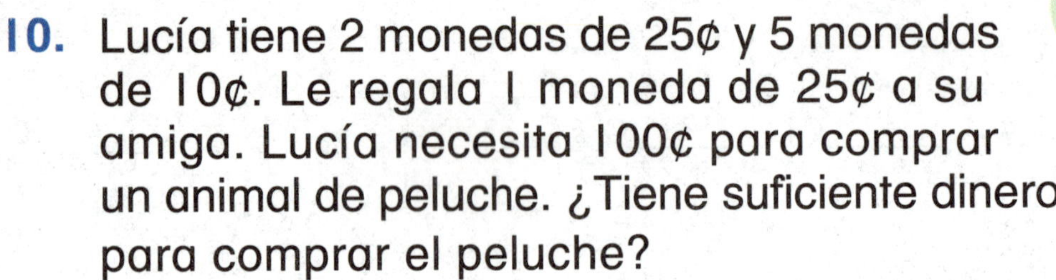

10. Lucía tiene 2 monedas de 25¢ y 5 monedas de 10¢. Le regala 1 moneda de 25¢ a su amiga. Lucía necesita 100¢ para comprar un animal de peluche. ¿Tiene suficiente dinero para comprar el peluche?

_____

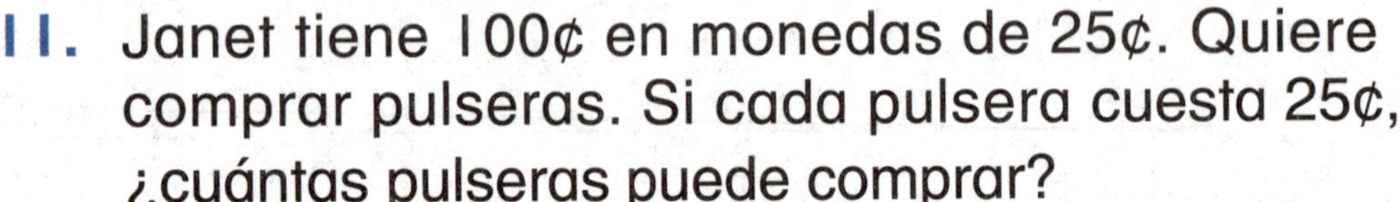

11. Janet tiene 100¢ en monedas de 25¢. Quiere comprar pulseras. Si cada pulsera cuesta 25¢, ¿cuántas pulseras puede comprar?

_____

Problema S.O.S. Bryan compra agua por 75¢. Gasta 3 monedas de 25¢. Describe otra manera en que Bryan podría pagar el agua.

_____

_____

_____

Nombre ______________________________

Mi tarea

Lección 2
Monedas de 25¢

Asistente de tareas

¿Necesitas ayuda? connectED.mcgraw-hill.com

moneda de 25¢ = 25¢

25¢, 50¢, 75¢

Pista
El signo ¢ representa centavos.

Empieza a contar con la moneda de mayor valor.

25¢, 50¢, 60¢, 70¢, 75¢, 80¢, 81¢ = 81¢

Práctica

Cuenta para hallar el valor de las monedas.

1.      

_____¢, _____¢, _____¢, _____¢, _____¢, _____¢ = _____¢

2.       

_____¢, _____¢, _____¢, _____¢, _____¢, _____¢, _____¢ = _____¢

Cuenta para hallar el valor de las monedas.

3.      

_____¢, _____¢, _____¢, _____¢, _____¢, _____¢ = _____¢

Encierra en un círculo el número correcto de monedas de 25¢.

4. Jamal desea donar 75¢ al refugio de animales. ¿Cuántas monedas de 25¢ serían?

5. Javier tiene 3 monedas de 25¢. Su amigo tiene 2 monedas de 25¢. ¿Cuántos centavos más tiene Javier que su amigo?

_____¢

Comprobación del vocabulario

Vocabulario

Encierra en un círculo la respuesta correcta.

6. **moneda de 25¢**    

Las mates en casa Pida a su niño o niña que use monedas de 25¢ para mostrarle 50¢ y 75¢.

Nombre ....

Contar monedas

Lección 3
PREGUNTA IMPORTANTE
¿Cómo cuento y uso el dinero?

Explorar y explicar

monedas de 25¢

monedas de 10¢

monedas de 5¢

monedas de 1¢

El valor de todas las monedas es de _____.

Instrucciones para el maestro: Pida a los estudiantes que usen monedas de 25¢, 10¢, 5¢ y 1¢. Diga: *Ordenen las monedas en la columna correcta y dibújenlas. Escriban el valor total de las monedas.*

Ver y mostrar

¡Cuenta salteado!

Para contar un grupo de monedas, empieza con la moneda de mayor valor. Cuenta para hallar el total.

25¢, 50¢,  60¢,  61¢,  62¢

= 62¢

Cuenta para hallar el valor de las monedas.

1.

_____¢, _____¢, _____¢, _____¢, _____¢, _____¢

= _____¢

2.

_____¢, _____¢, _____¢, _____¢, _____¢, _____¢

= _____¢

Habla de las mates ¿De qué manera te ayuda contar salteado a contar grupos de distintas monedas?

Nombre

CCSS

Por mi cuenta

Cuenta para hallar el valor de las monedas.

3. 

_____¢, _____¢, _____¢, _____¢, _____¢, _____¢

= _____¢

4. 

_____¢, _____¢, _____¢, _____¢, _____¢, _____¢

= _____¢

Dibuja y rotula las monedas de mayor a menor. Halla el valor de las monedas.

5. 

= _____¢

Resolución de problemas

6. Imagina que tienes 1 moneda de 25¢, 3 monedas de 10¢, 1 moneda de 5¢ y 7 monedas de 1¢. ¿Cuánto dinero tienes?

_______¢

7. Lucas quiere comprar una pelota saltarina que cuesta 25¢. Tiene cinco monedas de 1¢, 1 moneda de 10¢ y 2 monedas de 5¢. ¿Tiene Lucas suficiente dinero?

____

8. Carlos tiene una moneda de 25¢ y una moneda de 5¢. Recibe 2 monedas más de 25¢ por ayudar en casa. ¿Cuánto dinero tiene ahora?

_______¢

Las mates en palabras

Ada tiene 5 monedas de 10¢. Daniel tiene 10 monedas de 5¢. ¿Quién tiene más dinero? Explica tu respuesta.

____

____

____

Nombre ....

Mi tarea

Lección 3
Contar monedas

Asistente de tareas

¿Necesitas ayuda? connectED.mcgraw-hill.com

Para contar monedas, empieza con la moneda de mayor valor. Cuenta para hallar el valor total.

25¢ 25¢ 10¢ 5¢ 5¢ 1¢

25¢, 50¢, 60¢, 65¢, 70¢, 71¢

= 71¢

Cuenta para hallar el valor de las monedas.

1.

25¢ 10¢ 10¢ 5¢ 5¢ 1¢

_____¢, _____¢, _____¢, _____¢, _____¢, _____¢

= _____¢

2.

25¢ 25¢ 10¢ 10¢ 5¢ 5¢ 5¢

_____¢, _____¢, _____¢, _____¢, _____¢, _____¢, _____¢

= _____¢

Cuenta para hallar el valor de las monedas.

3. 

_____¢, _____¢, _____¢, _____¢, _____¢

= _____¢

4. 

_____¢, _____¢, _____¢, _____¢, _____¢, _____¢

= _____¢

5. Carol tiene 6 monedas de 10¢, 5 monedas de 5¢ y 4 monedas de 1¢. ¿Cuánto dinero tiene Carol?

_____¢

Práctica para la prueba

6. Halla el valor de las monedas.

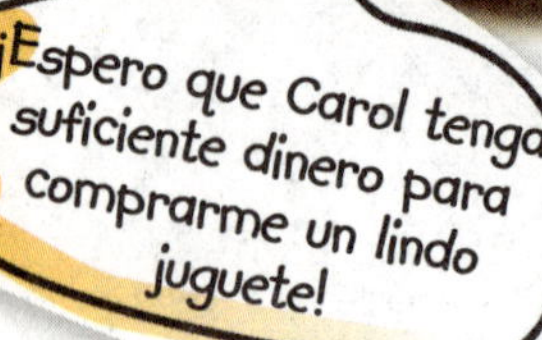

41¢	46¢	51¢	36¢
○	○	○	○

Las mates en casa Dé a su niño o niña monedas cuyo valor sea inferior a $1.00 y pídale que practique contando las monedas. Luego, simule comprar y vender cosas usando las monedas.

Nombre ______________________

Compruebo mi progreso

Comprobación del vocabulario 

moneda de 1¢	moneda de 5¢	moneda de 10¢	moneda de 25¢

Completa las oraciones.

1. Una moneda que tiene un valor de 25 centavos es una ______________________.
2. Una moneda que tiene un valor de 5 centavos es una ______________________.
3. Una moneda que tiene un valor de 1 centavo es una ______________________.
4. Una moneda que tiene un valor de 10 centavos es una ______________________.

Comprobación del concepto 

Cuenta para hallar el valor de las monedas.

5.       

_____¢, _____¢, _____¢, _____¢, _____¢, _____¢, _____¢ = _____¢

6.       

_____¢, _____¢, _____¢, _____¢, _____¢, _____¢, _____¢ = _____¢

Cuenta para hallar el valor de las monedas.

7.      

_____¢, _____¢, _____¢, _____¢, _____¢, _____¢ = _____¢

8.        

_____¢, _____¢, _____¢, _____¢, _____¢, _____¢, _____¢, _____¢

= _____¢

9. 

_____¢, _____¢, _____¢, _____¢, _____¢, _____¢

= _____¢

Práctica para la prueba

10. María necesita 55¢ para comprar una bolsa de palomitas de maíz. ¿Cuáles monedas debería usar?

moneda de 25¢,
moneda de 25¢

moneda de 25¢, moneda de 1¢,
moneda de 5¢

moneda de 25¢, moneda de 25¢,
moneda de 5¢

○

moneda de 25¢, moneda de 25¢,
moneda de 1¢

Nombre ....

Resolución de problemas

ESTRATEGIA: Representar

Lección 4

PREGUNTA IMPORTANTE
¿Cómo cuento y uso el dinero?

Gabriel tiene 2 monedas de 25¢, 1 moneda de 10¢ y 1 moneda de 5¢. ¿Tiene suficiente dinero para comprar este juguete?

1 Comprende

Subraya lo que sabes. Encierra en un círculo lo que debes hallar.

2 Planea

¿Cómo resolveré el problema?

3 Resuelve

Voy a representarlo.

25¢ 25¢ 10¢ 5¢

25¢, 50¢, 60¢, 65¢ = 65 ¢

¿Tiene Gabriel suficiente dinero para comprar el juguete? Sí.

4 Comprueba

¿Es razonable mi respuesta? ¿Por qué?

Practica la estrategia

Dana desea comprar 3 anillos. Cada uno cuesta 20¢. Tiene 1 moneda de 25¢, 2 monedas de 10¢ y 5 monedas de 5¢. ¿Tiene Dana suficiente dinero?

¡Necesito más dedos!

1 Comprende Subraya lo que sabes. Encierra en un círculo lo que debes hallar.

2 Planea ¿Cómo resolveré el problema?

3 Resuelve Voy a...

4 Comprueba ¿Es razonable mi respuesta? ¿Por qué?

Nombre

Aplica la estrategia

1. María tiene 1 moneda de 25¢ en su alcancía. Su mamá le regala una moneda de 5¢ y su papá le regala una de 10¢. ¿Cuánto dinero tiene María en total?

______

2. Mark tiene 2 monedas de 25¢, 1 moneda de 10¢ y 1 moneda de 1¢. Quiere comprar un camión de juguete que cuesta 55¢. ¿Tiene dinero suficiente para comprar el camión de juguete?

______

3. Walter tiene 2 monedas de 25¢, 3 monedas de 10¢ y 2 monedas de 5¢. Tiene dinero suficiente para comprar un carro de carreras. ¿Cuál es la mayor cantidad de dinero que podría costar el carro de carreras?

______

Repasa las estrategias

Escoge una estrategia

- Representar.
- Hacer un dibujo.
- Usar razonamiento lógico.

4. Susan tiene 1 moneda de 10¢, 3 monedas de 5¢ y 4 monedas de 1¢. ¿Tiene dinero suficiente para comprar una galleta que cuesta 30¢?

____

¿Cuánto más necesita Susan?

____

5. Annie tiene monedas para comprar en la tienda un bolígrafo de gel que cuesta 85¢. Tiene 2 monedas de 25¢ y 1 moneda de 5¢. ¿Qué otras dos monedas necesita todavía?

____

6. Un cuaderno cuesta 40¢. ¿Cuáles tres monedas podrías usar para pagarlo?

____

Nombre ....

Mi tarea

Lección 4
Resolución de problemas: Representar

Ayuda en línea

Landon tiene 3 monedas de 10¢ y 2 monedas de 5¢. ¿Tiene dinero suficiente para comprar un paquete de adhesivos que cuesta 50¢?

1 Comprende

Subraya lo que sabes.
Encierra en un círculo lo que debes hallar.

2 Planea

¿Cómo resolveré el problema?

3 Resuelve

Voy a representarlo.

10¢, 20¢, 30¢, 35¢, 40¢ = 40¢

Landon tiene 40¢ y necesita 50¢.
Por lo tanto, no tiene dinero suficiente.

4 Comprueba

¿Es razonable mi respuesta?

Resolución de problemas

Subraya lo que sabes. Encierra en un círculo lo que debes hallar. Representa para resolver.

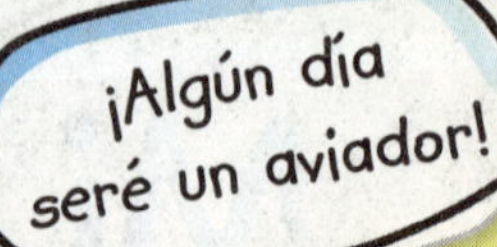

1. José tiene 1 moneda de 25¢, 3 monedas de 10¢ y una moneda de 5¢. ¿Cuánto dinero más necesita para comprar un aeroplano que cuesta 75¢?

   _______ ¢

2. Lola tiene 1 moneda de 25¢, 2 monedas de 10¢ y 1 moneda de 5¢. Su hermana tiene 3 monedas de 5¢. ¿Cuántos centavos más necesitan para tener 90¢?

   _______ ¢

3. Carlos tiene 75 centavos. Tiene 2 monedas de 25¢ y 1 moneda de 10¢. Si el resto de sus monedas son de 5¢, ¿cuántas monedas de 5¢ tiene en total?

   _______ monedas de 5¢

4. Sara tiene 1 moneda de 25¢, 1 moneda de 10¢, 3 monedas de 5¢ y 3 monedas de 1¢. ¿Cuánto dinero tiene?

   _______ ¢

Las mates en casa Pida a su niño o niña que le muestre cuáles monedas se necesitan para comprar un juguete que cuesta 64¢.

Nombre

Dólares

Lección 5

PREGUNTA IMPORTANTE
¿Cómo cuento y uso el dinero?

Explorar y explicar

un dólar = 100 centavos

 ______

 ______

 ______

 ______

Instrucciones para el maestro: Pida a los estudiantes que cuenten monedas de 1¢ hasta 100¢. Diga: *Escriban el número de monedas de 25¢ que es igual a 100¢. Hagan lo mismo con la moneda de 10¢ y con cada una de las otras monedas.*

Ver y mostrar

PRÁCTICAS matemáticas

signo de dólar → $1.00 ← punto decimal

Un **dólar** tiene un valor de 100 centavos o 100¢. Para escribir un dólar, usa el **signo de dólar**.

Usa un punto decimal para separar los dólares de los centavos.

un billete de un dólar = $1.00

100 monedas de 1¢ = $1	20 monedas de 5¢ = $1	10 monedas de 10¢ = $1	4 monedas de 25¢ = $1

Cuenta para hallar el valor de las monedas. Encierra en un círculo las combinaciones que son iguales a $1.00.

1. 

______

2. 

______

¿En qué se diferencian los signos $ y ¢? ¿En qué se parecen?

Nombre ....

> **Pista**
> Usa el signo de dólar para escribir dólares. Usa el signo de centavo para escribir centavos.

CCSS

Por mi cuenta

Cuenta para hallar el valor de las monedas.
Encierra en un círculo las combinaciones que son iguales a $1.00.

3.

______

4.

______

5.

______

6.

______

7.

______

8.

______

Resolución de problemas

9. Natasha tiene 1 moneda de 25¢, 2 monedas de 10¢, 10 monedas de 5¢ y 4 monedas de 1¢. Necesita un dólar para comprar un libro de chistes. ¿Cuánto dinero tiene?

______

¿Cuánto más necesita Natasha para completar un dólar?

______

10. Carlos necesita un dólar. Tiene tres monedas de 25¢ y una moneda de 10¢. ¿Cuánto dinero tiene?

______

¿Cuánto más necesita para completar un dólar?

______

Piensa en 2 combinaciones de monedas que sean iguales a un dólar y escríbelas aquí.

______

______

______

Nombre

Mi tarea

Lección 5
Dólares

Asistente de tareas

Ayuda en línea ¿Necesitas ayuda? connectED.mcgraw-hill.com

Un dólar tiene un valor de 100 centavos o 100¢. Para escribir 1 dólar, usa el signo de dólar.

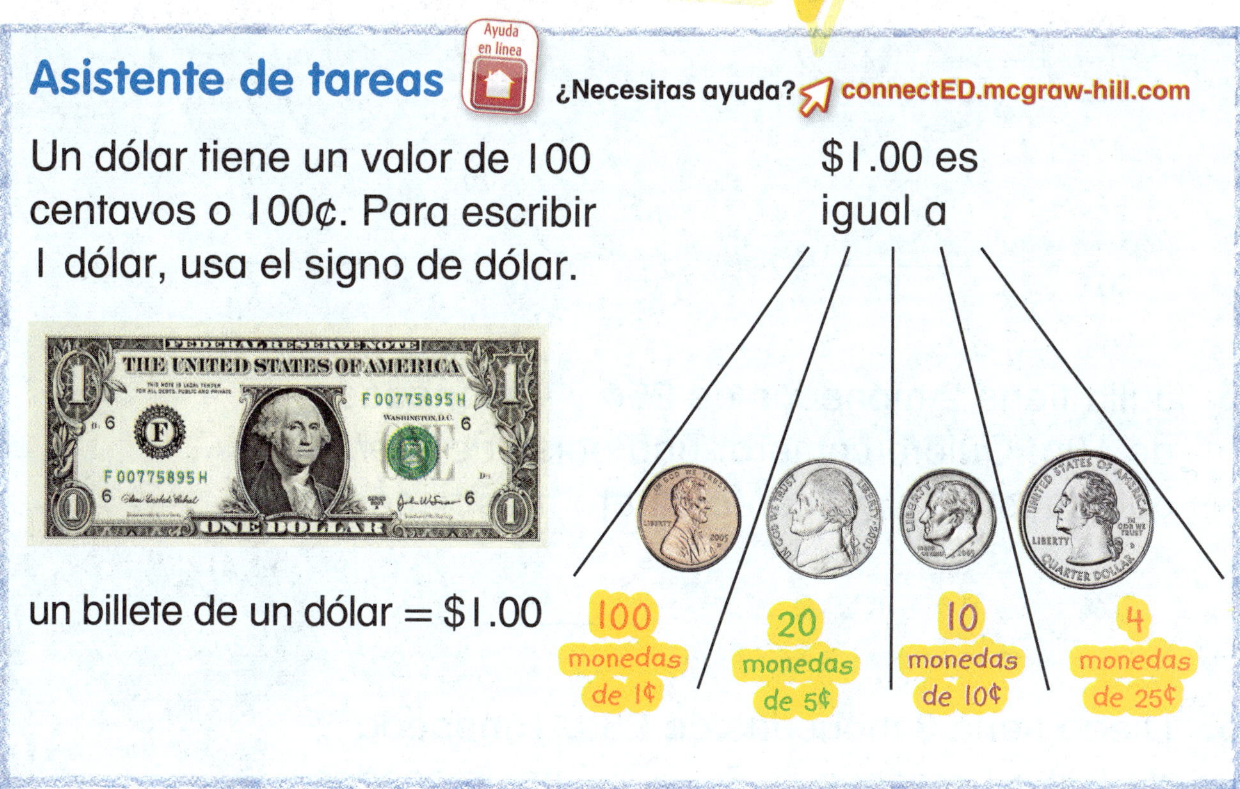

un billete de un dólar = $1.00

Cuenta para hallar el valor de las monedas.
Encierra en un círculo las combinaciones iguales a $1.00.

1.

______

2.

______

Cuenta las monedas. Escribe el valor.
Encierra en un círculo las combinaciones iguales a $1.00.

3. 

____

4. 

____

5. Julia tiene 2 monedas de 25¢ y 4 monedas de 10¢. Quiere comprar una bolsa de *pretzels* que cuesta $1. ¿Cuánto dinero más necesita?

____

6. Diego tiene 3 monedas de 25¢, 1 moneda de 10¢ y 1 moneda de 5¢. ¿Cuántas monedas más de 5¢ necesita para tener $1?

_______ monedas de 5¢

Comprobación del vocabulario

Encierra en un círculo las opciones correctas.

7. **un dólar** $1 1$ $1.00 1¢

Las mates en casa Pida a su niño o niña que use varias monedas para mostrarle dos maneras de formar $1.

Nombre ______________________

Mi repaso

Capítulo 8
El dinero

Comprobación del vocabulario

Traza líneas para relacionar.

1. **moneda de 10¢**	1 centavo o 1¢
2. **moneda de 1¢**	25 centavos o 25¢
3. **moneda de 25¢**	5 centavos o 5¢
4. **dólar**	10 centavos o 10¢
5. **moneda de 5¢**	100 centavos o 100¢

Comprobación del concepto

Cuenta para hallar el valor de las monedas.

6.

_______¢, _______¢, _______¢, _______¢, _______¢ = _______¢

Comprobación del concepto

Cuenta para hallar el valor de las monedas.

7.      

_____¢, _____¢, _____¢, _____¢, _____¢, _____¢ = _____¢

Cuenta para hallar el valor del grupo de monedas.

8. 

_____¢, _____¢, _____¢, _____¢, _____¢, _____¢

= _____¢

Cuenta para hallar el valor de las monedas.
Encierra en un círculo las combinaciones iguales a $1.00.

9. 

_____

10. 

_____

Usa las monedas para completar un dólar.
Escribe el número de monedas que usaste.

11. 

_____

12. 

_____

Nombre ....

Resolución de problemas

13. Lupe compra un dinosaurio de juguete por 47¢. Le da al cajero 1 moneda de 25¢ y 1 moneda de 10¢. ¿Cuánto dinero más debe darle al cajero?

____

Encierra en un círculo las tres monedas que Lupe debe darle al cajero.

14. John tiene dos monedas de 10¢. Mark tiene dos monedas de 25¢. ¿Cuánto dinero tienen los dos niños en total?

____

Práctica para la prueba

15. Lucía se encontró 1 moneda de 25¢ y 1 moneda de 10¢. Ya tenía 30¢. Kyra tiene 85¢. ¿Cuánto dinero más tiene Kyra?

10¢	20¢	25¢	30¢
○	○	○	○

Pienso

Capítulo 8

Respuesta a la pregunta importante

Muestra maneras de contar dinero.

1 centavo o 1¢

_____, _____, _____ = _____

_____ monedas de 1¢ forman $1.00.

5 centavos o 5¢

_____, _____, _____ = _____

_____ monedas de 5¢ forman $1.00.

PREGUNTA IMPORTANTE

¿Cómo cuento y uso el dinero?

10 centavos o 10¢

_____, _____, _____ = _____

_____ monedas de 10¢ forman $1.00.

25 centavos o 25¢

_____, _____, _____ = _____

_____ monedas de 25¢ forman $1.00.

¡Cuenta con ello!

¡El éxito es tuyo!

Capítulo 9
Análisis de datos
PREGUNTA IMPORTANTE
¿Cómo puedo registrar y analizar datos?
¡Nuestros cuerpos necesitan alimentos saludables!
¡Mira el video!
Observa

Mis estándares estatales

Medición y datos

CCSS

2.MD.9 Generar datos de mediciones midiendo longitudes de varios objetos y redondeándolas a la unidad más cercana, o haciendo mediciones repetidas del mismo objeto. Mostrar las medidas en un diagrama lineal cuya escala horizontal esté marcada con números naturales.

2.MD.10 Hacer una gráfica con imágenes y una gráfica de barras (con escalas de una sola unidad) para representar un conjunto de datos de hasta cuatro categorías. Resolver problemas simples en los que se reúnen, se separan o se comparan cosas a partir de la información presentada en una gráfica de barras.

1. Entender los problemas y perseverar en la búsqueda de una solución.
2. Razonar de manera abstracta y cuantitativa.
3. Construir argumentos viables y hacer un análisis del razonamiento de los demás.
4. Representar con matemáticas.
5. Usar estratégicamente las herramientas apropiadas.
6. Prestar atención a la precisión.
7. Buscar una estructura y usarla.
8. Buscar y expresar regularidad en el razonamiento repetido.

= Se trabaja en este capítulo.

Nombre ....

Antes de seguir...

← Conéctate para hacer la prueba de preparación.

Encierra en un círculo el grupo que tiene más.

1. 

Usa la tabla de conteo para responder las preguntas.

Mascota favorita	Conteo
Gato	𝍷𝍷𝍷
Hámster	𝍷𝍷𝍷𝍷
Perro	𝍸 𝍷𝍷

2. ¿Qué mascota tiene 4 marcas de conteo?

____

3. ¿A cuántas personas les gustan los gatos?

_____ personas

Usa el dibujo para resolver.

4. Roy pasea cuatro perros todos los días. ¿Cuántos perros cafés pasea?

_____ perros cafés

¿Cómo me fue?

Sombrea las casillas para mostrar los problemas que respondiste correctamente.

1	2	3	4

Nombre

Las palabras de mis mates

Repaso del vocabulario

comparar gráfica marcas de conteo

Usa las palabras del repaso para describir los ejemplos.

¿Qué puedo mostrar en una gráfica?

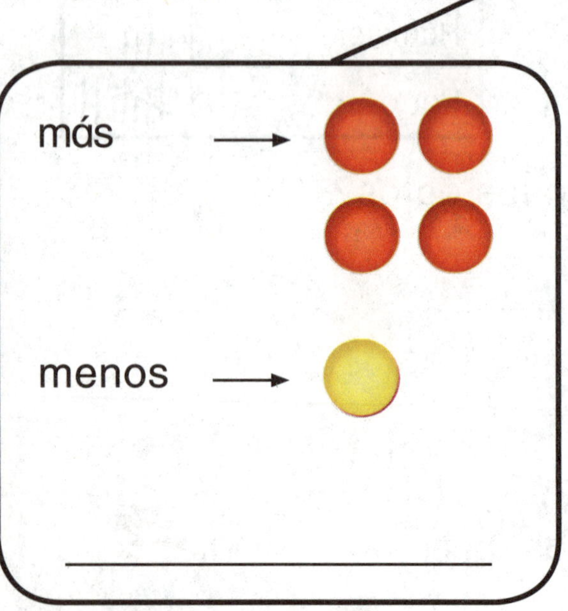

¿Cuántos globos hay?

¿Qué es una gráfica?

Mis tarjetas de vocabulario

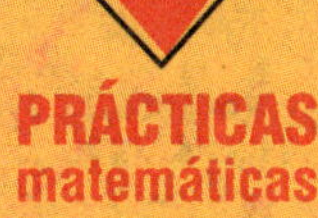

PRÁCTICAS matemáticas

Lección 9-2

clave

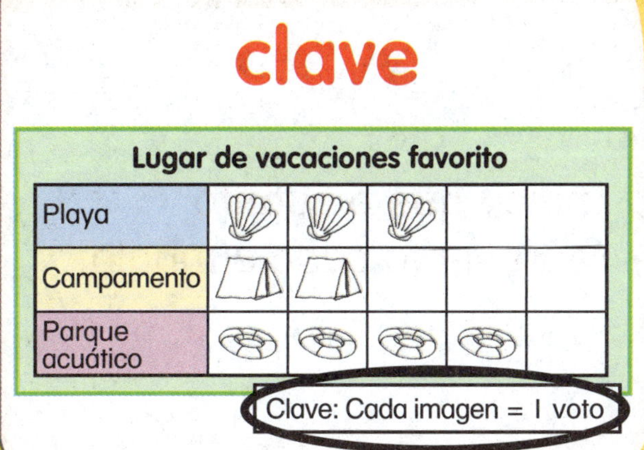

Lección 9-1

datos

¿Cuál mascota te gusta más?	
Mascota	Conteo
Perros	𝍸 𝍸 |
Gatos	𝍸 ||

Lección 9-7

diagrama lineal

Lección 9-1

encuesta

Hora favorita del día	Conteo	Total
Mañana	𝍸 |	6
Tarde	|||	3
Noche	𝍸 |||	8

Lección 9-2

gráfica con imágenes

Lección 9-4

gráfica de barras

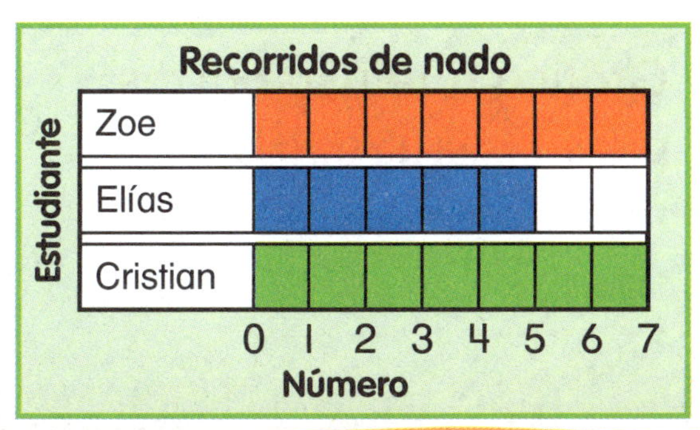

Instrucciones para el maestro: Sugerencias

- Pida a los estudiantes que formen grupos de 2 o 3 palabras comunes. Pídales que agreguen una palabra que no esté relacionada con el grupo y que trabajen con un compañero o una compañera para nombrar la palabra que no se relaciona.
- Pida a los estudiantes que hagan una marca de conteo en la tarjeta correspondiente cada vez que lean una de estas palabras en este capítulo o la usen al escribir.

Números o símbolos que muestran información.

Indica qué o cuánto representa cada símbolo.

Recopilar datos haciendo la misma pregunta a un grupo de personas.

Gráfica que muestra con qué frecuencia aparece cierto número en los datos.

Gráfica que usa barras para ilustrar datos.

Gráfica que tiene distintas imágenes para ilustrar la información recopilada.

Mis tarjetas de vocabulario

Lección 9–1

marcas de conteo

Artículos vendidos en la tienda escolar	
Artículo	Conteo
Borrador	𝍸
Botella de pegamento	𝍸 𝍸
Lápiz	𝍸 |||
Tijeras	||

Lección 9–2

símbolo

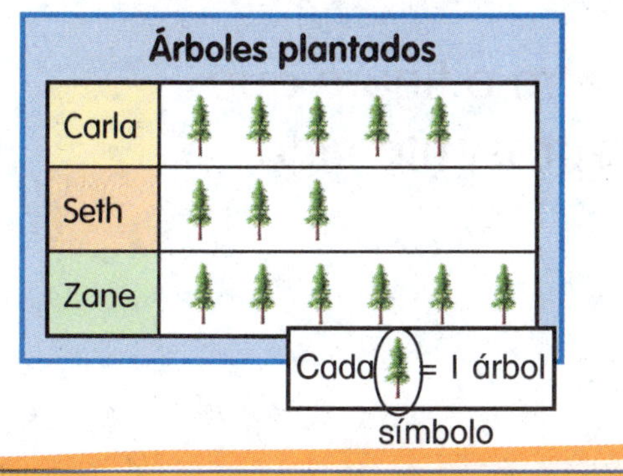

Instrucciones para el maestro:
Más sugerencias

- Pida a los estudiantes que agrupen las ideas similares que encuentren en el capítulo, como las diferentes maneras de mostrar datos. Pídales que compartan las estrategias que usan para entender los conceptos.
- Pida a los estudiantes que usen una tarjeta en blanco para escribir la pregunta importante del capítulo. Pídales que usen el reverso de la tarjeta para escribir o dibujar ejemplos que los ayuden a responder la pregunta.

Letra o figura que representa algo.

Marcas que se usan para registrar los datos recopilados en una encuesta.

Mi modelo de papel

FOLDABLES® Sigue los pasos que aparecen en el reverso para hacer tu modelo de papel.

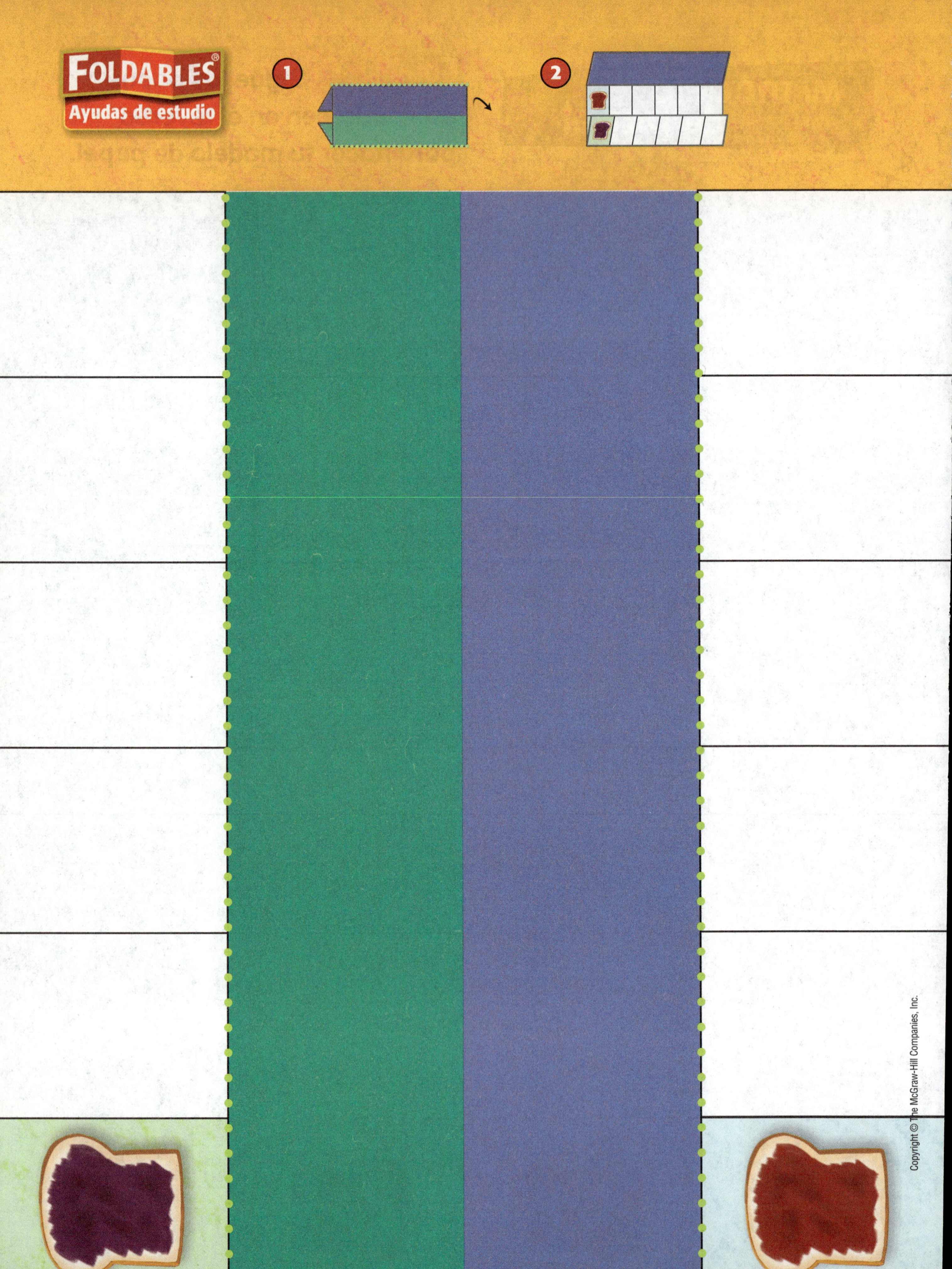
FOLDABLES®
Ayudas de estudio
1
2
Copyright © The McGraw-Hill Companies, Inc.

Nombre ....

Mi tarea

Lección 1
Realizar una encuesta

Asistente de tareas

¿Necesitas ayuda? connectED.mcgraw-hill.com

Una tabla de conteo muestra los resultados de una encuesta.

Alimento favorito	Conteo	Total
Zanahoria	𝍸 I	6
Brócoli	III	3
Maíz	𝍸 III	8

Pista
I significa 1.
𝍸 significa 5.

Práctica

Pregunta a 10 personas cuál es su ejercicio favorito. Usa marcas de conteo para registrar los datos.

Usa los datos de la tabla para responder a las preguntas.

Ejercicio favorito	Conteo	Total
Saltar a la cuerda		
Correr		
Bailar		
Jugar al béisbol		

1. ¿A cuántas personas les gusta correr y bailar? ______________

2. ¿Qué le gusta más a la gente: correr y jugar al béisbol, o bailar y saltar a la cuerda? ______________________________

Pregunta a 10 personas cuál es su merienda favorita. Usa marcas de conteo para registrar los datos.

Usa los datos de la tabla para responder a las preguntas.

Merienda favorita	Conteo	Total
Frutas		
Papas fritas		
Galletas		
Palitos de zanahoria		

3. ¿Qué merienda les gusta más a las personas?

____

4. ¿A cuántas personas les gustan más las meriendas saludables? _______________________________

Pregunta a 10 personas cuál es su jugo favorito. Usa marcas de conteo para registrar los datos.

Usa los datos de la tabla para responder a las preguntas.

Jugo favorito	Conteo	Total
Manzana		
Naranja		
Arándano		
Tomate		

5. ¿Qué jugo les gusta menos a las personas? ____________

6. ¿A cuántas personas en total les gustan los jugos de arándano y de manzana? _______________________

¡Caramba! ¡Le gusto a muchas personas!

Comprobación del vocabulario

Vocabulario

Encierra en un círculo la palabra que se relaciona con la definición.

7. Números o símbolos que muestran información.

marcas de conteo **encuesta** **datos**

Las mates en casa Ayude a su niño o niña a crear una encuesta para que la respondan los miembros de su familia.

Hacer gráficas con imágenes

Lección 2

PREGUNTA IMPORTANTE
¿Cómo puedo registrar y analizar datos?

Explorar y explicar

Comida favorita al almuerzo

Sándwich					
Pizza					
Perro caliente					
Sopa					

Clave: Cada comida = 1 voto

Instrucciones para el maestro: Pida a cinco estudiantes que escojan su comida favorita de almuerzo. Pídales que dibujen en la tabla una figura para mostrar la elección de cada persona.

Ver y mostrar

Puedes mostrar datos en una **gráfica con imágenes**. Las imágenes son un **símbolo** que representa datos.

Clave: Cada canica = 1 voto

Pista
La clave indica cuánto representa cada símbolo.

Usa la tabla de conteo para hacer una gráfica con imágenes.

1.

Zapatos favoritos	Conteo	Total
Tenis	III	3
Sandalias	~~IIII~~	5
Botas	I	1

Zapatos favoritos

Tenis					
Sandalias					
Botas					

Clave: Cada zapato = 1 voto

¿En qué se diferencian las gráficas con imágenes de las tablas de conteo?

Nombre ....

CCSS

Por mi cuenta

Usa las tablas de conteo para hacer las gráficas con imágenes.

2.

Bebida favorita	Conteo	Total
Leche	|||	3
Jugo de manzana	||	2
Agua	||||	4
Limonada	||||	4

Bebida favorita

Leche					
Jugo de manzana					
Agua					
Limonada					

Clave: Cada bebida = 1 voto

3.

Deporte favorito	Conteo	Total
Béisbol	|||	3
Básquetbol	||||	4
Fútbol	||	2
Fútbol americano	~~||||~~	5

Deporte favorito

Béisbol					
Básquetbol					
Fútbol					
Fútbol americano					

Clave: Cada pelota = 1 voto

Resolución de problemas

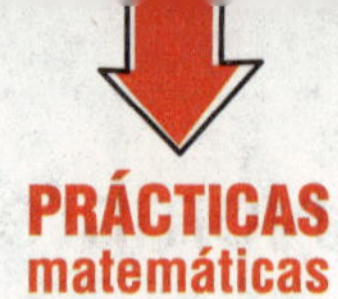

Usa la información para hacer una gráfica con imágenes.

4. Liliana le preguntó a diez personas acerca de sus flores favoritas. Una respondió tulipanes. El mismo número de personas respondió margaritas y claveles. Cinco respondieron rosas.

Flor favorita

Tulipán					
Margarita					
Rosa					
Clavel					

Clave: Cada flor = 1 voto

5. Una escuela le preguntó a 15 estudiantes acerca de su materia favorita. De ellos, 3 respondieron ciencias y 3 respondieron lectura. Un estudiante menos que matemáticas respondió arte.

Materia favorita

Matemáticas					
Ciencias					
Lectura					
Arte					

Clave: Cada libro = 1 voto

Las mates en palabras Explica cómo puede ser más útil una gráfica con imágenes que una tabla de conteo.

____

____

____

Nombre

Mi tarea

Lección 2
Hacer gráficas con imágenes

Asistente de tareas

¿Necesitas ayuda? connectED.mcgraw-hill.com

Puedes usar los datos de una tabla de conteo para hacer una gráfica con imágenes.

Leche favorita	Conteo	Total
Chocolate	𝍸	5
Natural	||	2
Fresa	|||	3

Leche favorita

Chocolate	vaso	vaso	vaso	vaso	vaso
Natural	vaso	vaso			
Fresa	vaso	vaso	vaso		

Clave: Cada vaso = 1 voto

Práctica

Usa la tabla de conteo para hacer una gráfica con imágenes.

1.

Animal favorito	Conteo	Total
Elefante	||||	4
Jirafa	𝍸	5
Oso	||||	4
Serpiente	|||	3

Animal favorito

Elefante					
Jirafa					
Oso					
Serpiente					

Clave: Cada animal = 1 voto

Usa la tabla de conteo para hacer una gráfica con imágenes.

2.

Galleta favorita	Conteo	Total
Chispas de chocolate	||||	4
Mantequilla de cacahuate	~~||||~~	5
Avena y pasas	||||	4
Azúcar	|||	3

Galleta favorita

Chispas de chocolate					
Mantequilla de cacahuate					
Avena y pasas					
Azúcar					

Clave: Cada galleta = 1 voto

Comprobación del vocabulario

Encierra en un círculo la imagen que se relaciona con la palabra.

3. gráfica con imágenes

Clase de libro	Conteo	Total
De terror	||	
De humor	~~||||~~ |||	
De deportes	~~||||~~	

Mascota favorita

Pez	🐟	🐟	🐟	🐟	🐟	🐟
Perro	🐶	🐶				
Gato	🐱	🐱	🐱	🐱		

Clave: Cada imagen de animal = 1 voto

Número de sombreros

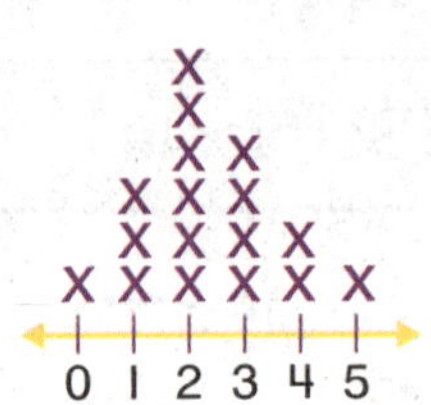

Las mates en casa Pida a su niño o niña que haga una gráfica con imágenes grande. Pídale a su familia que represente en ella su cena favorita.

Nombre ....

Analizar gráficas con imágenes

Lección 3

PREGUNTA IMPORTANTE
¿Cómo puedo registrar y analizar datos?

Explorar y explicar

Cena favorita

Espaguetis						_____
Tacos						_____
Pollo						_____
Pastel de carne						_____

Clave: Cada comida = 1 voto

¿Cuál es la cena menos favorita? ______________________

Instrucciones para el maestro: Pida a los niños que usen los datos de la gráfica con imágenes. Diga: *Escriban el número de votos para cada cena y la cena menos favorita.*

Ver y mostrar

PRÁCTICAS matemáticas

Puedes usar una gráfica con imágenes para responder preguntas.

Mascota favorita

Pez						
Perro						
Gato						

Clave: Cada imagen de animal = 1 voto

¿Cuál es la mascota favorita?

pez

¿Cuántos votos muestra cada imagen? 1

Usa los datos de la gráfica para responder a las preguntas.

Actividad de verano favorita

Nadar					
Pasear en bicicleta					
Patinar					
Jugar al béisbol					

Clave: Cada imagen = 1 voto

1. ¿Cuál es la actividad que menos gusta?

____

2. ¿Cuáles dos actividades tienen el mismo número de votos?

____

3. ¿A cuántas personas en total les gusta nadar y jugar al béisbol?

_____

Si cada imagen representa 2 votos, ¿cómo contarías los votos de pasear en bicicleta?

Nombre ....

Por mi cuenta

Usa los datos de la gráfica para responder a las preguntas.

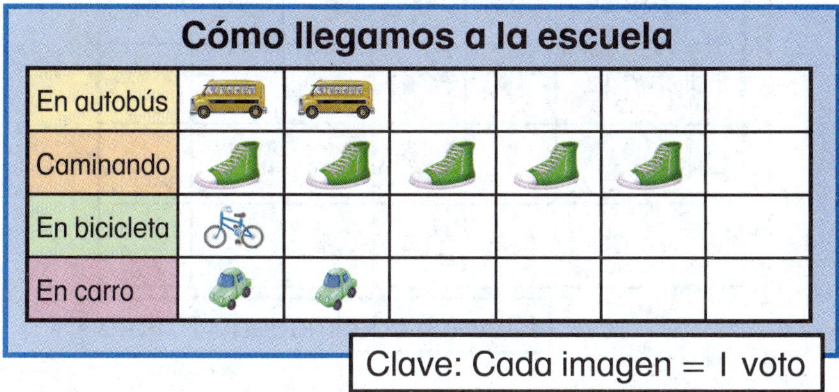

4. ¿Cómo van más estudiantes a la escuela?

____

5. ¿Cuántos estudiantes llegan en autobús y en carro?

____

6. ¿Cuántos estudiantes votaron? _______

7. Si añades otro medio para llegar a la escuela, ¿cómo cambiaría la gráfica?

____

8. Escribe una pregunta que se pueda contestar usando los datos de la gráfica con imágenes.

____

____

9. Escribe un enunciado numérico para responder tu pregunta.

_______ ◯ _______ ◯ _______

Resolución de problemas

Usa los datos de la gráfica para responder a las preguntas.

Ingrediente de pizza favorito

Pepperoni	🍕	🍕	🍕	🍕	🍕
Salchicha	🍕	🍕			
Queso	🍕	🍕	🍕	🍕	
Verduras	🍕	🍕	🍕		

Clave: Cada imagen = 1 voto

10. Se realiza la encuesta a tres personas más. A todas les gusta el queso. ¿Cuál es ahora el ingrediente favorito?

____

11. Carter votó por queso. Karen votó por verduras. ¿Quién votó por el ingrediente con más votos?

____

Las mates en palabras Escribe una pregunta acerca de la anterior gráfica. Pídele a un amigo que la responda.

____

____

____

Nombre ....

Mi tarea

Lección 3
Analizar gráficas con imágenes

Asistente de tareas

¿Necesitas ayuda? connectED.mcgraw-hill.com

Puedes usar los datos de una gráfica con imágenes para responder preguntas.

Lugar de vacaciones favorito

Playa	concha	concha	concha		
Campamento	tienda	tienda			
Parque acuático	flotador	flotador	flotador	flotador	

Clave: Cada imagen = 1 voto

¿Qué lugar de vacaciones obtuvo la mayoría de los votos?
parque acuático

Práctica

Usa los datos de la gráfica para responder a las preguntas.

Ingrediente de hamburguesa favorito

Salsa de tomate	salsa	salsa	salsa	salsa	
Mostaza	mostaza	mostaza			
Lechuga	lechuga				
Tomate	tomate				

Clave: Cada imagen = 1 voto

1. ¿Cuántas personas votaron?

____

2. ¿Qué ingrediente obtuvo más votos? _______________

3. ¿Cuáles dos ingredientes obtuvieron menos votos?

____

4. ¿A cuántas personas les gusta la salsa de tomate o el tomate? _______

Usa los datos de la gráfica para responder a las preguntas.

Sándwich favorito

Mantequilla de cacahuate y jalea					
Pavo					
Queso					
Mantequilla de cacahuate					

Clave: Cada sándwich = 1 voto

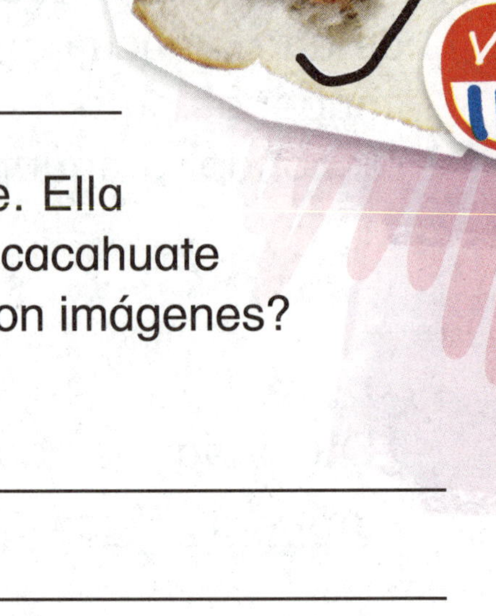

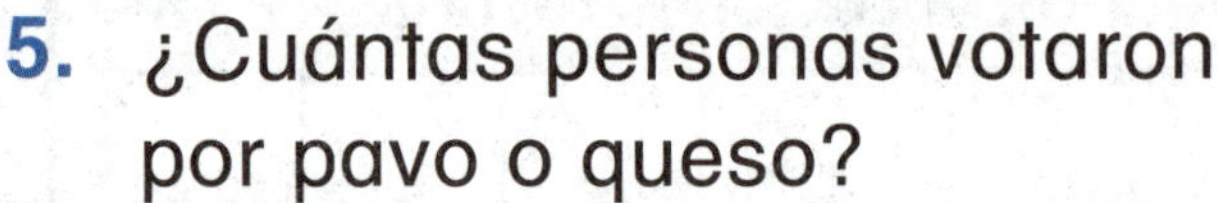

5. ¿Cuántas personas votaron por pavo o queso? ______

6. María votó por mantequilla de cacahuate. Ella realmente quería votar por mantequilla de cacahuate y jalea. ¿Cómo cambiaría esto la gráfica con imágenes?

____

____

____

____

Práctica para la prueba

7. En la gráfica anterior, ¿a cuántas personas más les gusta el queso que el pavo?

1	2	4	7
○	○	○	○

Las mates en casa Cree para su niño o niña una gráfica con imágenes relacionada con las actividades favoritas de su familia. Hágale preguntas acerca de los datos de la gráfica.

Nombre ____________

Compruebo mi progreso

Comprobación del vocabulario

Escribe la palabra que completa las oraciones.

gráfica con imágenes **encuesta** **clave**

1. En una ______________ recopilas datos haciendo la misma pregunta a un grupo de personas.
2. Una ______________ indica qué o cuánto representa cada símbolo.
3. Una ______________ tiene distintas imágenes para ilustrar la información recopilada.

Comprobación del concepto

Pregunta a 10 personas cuál es su color favorito. Usa marcas de conteo para registrar los datos.

Color favorito	Conteo	Total
Azul		
Rosado		
Verde		
Violeta		

Usa los datos de la tabla para responder a las preguntas.

4. ¿Qué color les gusta más a las personas? ______
5. ¿A cuántas personas les gusta el rosado y el verde? ______
6. ¿Qué color les gusta menos a las personas? ______

Usa la tabla de conteo para hacer una gráfica con imágenes.

7.

Juguete favorito	Conteo
Cuerda para saltar	|||
Pelota de béisbol	||||
Patines	||
Bicicleta	𝍸

Juguete favorito					
Cuerda para saltar					
Pelota de béisbol					
Patines					
Bicicleta					

Clave: Cada juguete = 1 voto

Usa los datos de la gráfica para responder a las preguntas.

8. ¿Cuántos votos más recibió la bicicleta que la pelota de béisbol?

____

9. ¿A cuántas personas les gusta la cuerda para saltar y los patines?

____

10. ¿A cuántas personas más les gusta la bicicleta que la cuerda para saltar?

____

11. ¿A cuántas personas les gusta la cuerda para saltar y la pelota de béisbol?

____

Práctica para la prueba

12. Dos estudiantes no votaron. Si estos 2 estudiantes votaran por los patines, ¿qué juguete tendría la mayor cantidad de votos?

Cuerda para saltar ○ Pelota de béisbol ○ Patines ○ Bicicleta ○

Nombre ....

Mi tarea

Lección 4
Hacer gráficas de barras

Asistente de tareas

¿Necesitas ayuda? connectED.mcgraw-hill.com

Puedes usar los datos de una tabla de conteo para hacer una gráfica de barras.

Música favorita	Conteo	Total
Country	|||	3
Rock	||||	4
Jazz	||	2

Música favorita

Música	1	2	3	4	5
Country	■	■	■		
Rock	■	■	■	■	
Jazz	■	■			

0 1 2 3 4 5
Número

Práctica

Pista
Colorea 1 casilla por cada marca de conteo.

Usa la tabla de conteo para hacer una gráfica de barras.

1.

Ave favorita	Conteo	Total
Petirrojo	|||	3
Azulejo	||	2
Cisne	||||	4
Flamenco	~~||||~~	5

Ave favorita

Ave	1	2	3	4	5
Petirrojo					
Azulejo					
Cisne					
Flamenco					

0 1 2 3 4 5
Número

Me pregunto qué clase de ave somos.

Usa la tabla de conteo para hacer una gráfica de barras.

2.

Color favorito	Conteo	Total
Rojo	||||	4
Azul	~~||||~~	5
Rosado	||||	4
Verde	||	2

Usa los datos para completar la gráfica de barras.

3. Votaron 15 personas acerca de su excursión favorita. 2 votaron por el concierto de la orquesta sinfónica. 5 votaron por el zoológico. El mismo número votó por el museo y el acuario.

Comprobación del vocabulario

Vocabulario

4. Encierra en un círculo la **gráfica de barras**.

Leche favorita	Conteo	Total
Chocolate	~~||||~~	5
Natural	||	2
Fresa	|||	3

Lugar de vacaciones favorito					
Playa	🐚	🐚	🐚		
Campamento	⛺	⛺			
Parque acuático	🛟	🛟	🛟	🛟	

Clave: Cada imagen = 1 voto

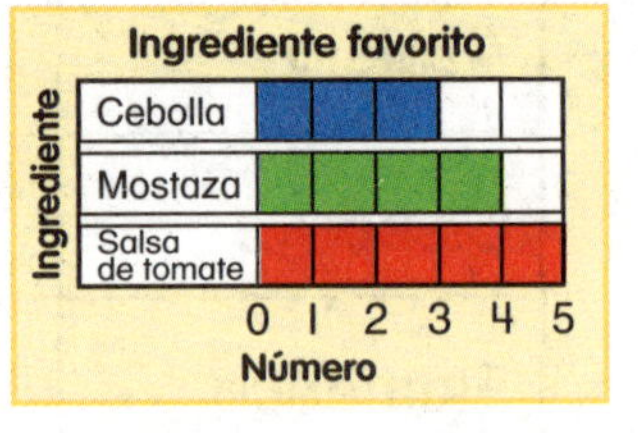

Las mates en casa Ayude a su niño o niña a hacer una gráfica de barras acerca del tipo de clima que observa durante una semana.

Nombre ....

Mi tarea

Lección 5
Analizar gráficas de barras

Asistente de tareas

¿Necesitas ayuda? connectED.mcgraw-hill.com

Puedes responder a las preguntas usando los datos de una gráfica de barras.

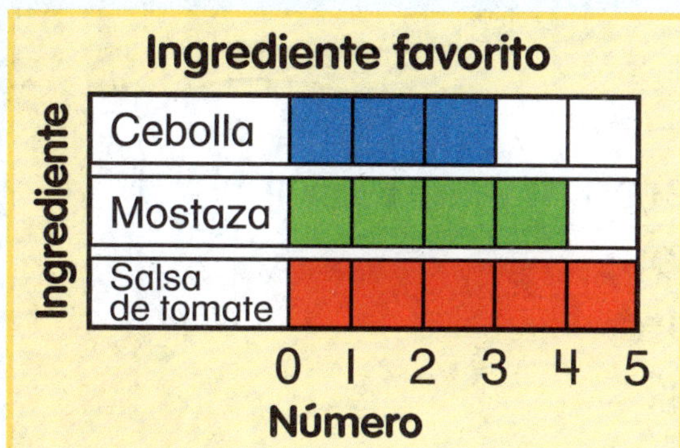

¿Cuántos estudiantes se encuestaron?

Se encuestó a 12 estudiantes.

Práctica

Usa la gráfica de barras para responder a las preguntas.

1. ¿Cuántas personas votaron? ________

2. ¿Cuál es el ingrediente que más les gusta a las personas?

   ____

3. ¿Cuál es el ingrediente que menos les gusta a las personas? ________________

4. ¿A cuántas personas les gusta la mostaza o la cebolla? ________

Usa la gráfica de barras para responder a las preguntas.

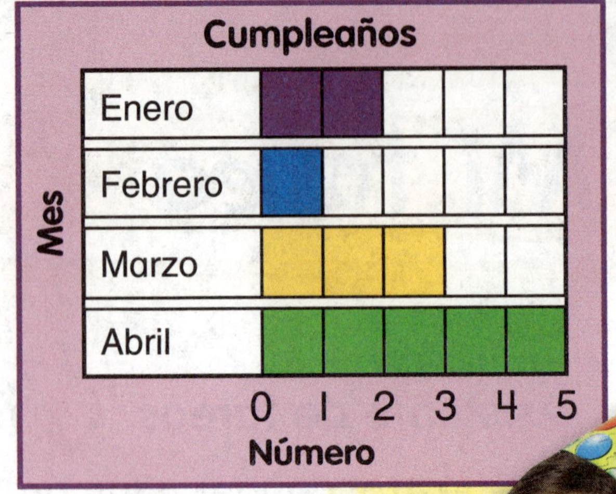

5. ¿Cuántas personas cumplen años en abril?

____

6. ¿Cuántos cumpleaños hay en febrero y en marzo?

____

7. ¿Cuántas personas se encuestaron en total?

____

8. Cuatro personas más respondieron la encuesta. Todas cumplen años en febrero. ¿Cuál mes tiene ahora el mayor número de cumpleaños?

____

Práctica para la prueba

9. ¿Cuántos cumpleaños hay en mayo y en agosto?

8 

7  

4 3 

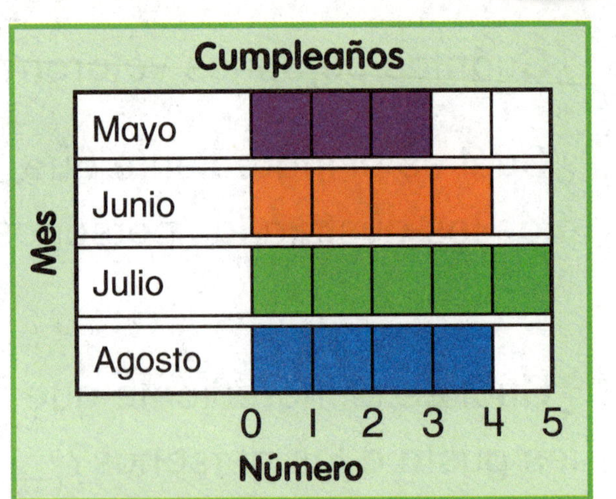

Las mates en casa Pregunte a su niño o niña cómo analizó las gráficas de barras de esta página.

Nombre

Resolución de problemas

ESTRATEGIA: Hacer una tabla

Lección 6

PREGUNTA IMPORTANTE
¿Cómo puedo registrar y analizar datos?

El desayuno especial en el restaurante de Diana incluye 3 panqueques. Cinco amigos ordenan el desayuno especial. ¿Cuántos panqueques ordenan en total?

1 Comprende

Subraya lo que sabes. Encierra en un círculo lo que debes hallar.

2 Planea

¿Cómo resolveré el problema?

3 Resuelve

Voy a hacer una tabla.

Amigos	Panqueques
1	3
2	6
3	9
4	12
5	15

15 panqueques

4 Comprueba

¿Es razonable mi respuesta? ¿Por qué?

Practica la estrategia

Cada estudiante de la clase tiene el mismo número de mascotas. Dos estudiantes tienen 4 mascotas. ¿Cuántas mascotas tienen 7 estudiantes?

1 Comprende Subraya lo que sabes. Encierra en un círculo lo que debes hallar.

2 Planea ¿Cómo resolveré el problema?

3 Resuelve Voy a...

Número de mascotas	
Estudiantes	Mascotas
1	2
2	4
3	
4	
5	
6	
7	

_____ mascotas

4 Comprueba ¿Es razonable mi respuesta? ¿Por qué?

¡Rúa rúa!

¡Has entendido esta!

¡Rúa rúa!

Nombre ....

Aplica la estrategia

1. Dora tiene 4 pares de medias en su cajón. ¿Cuántas medias tiene en total?

Par	Medias en total
1	2

¡Estamos realmente limpias!

______ medias

2. El Sr. Mario necesita entregar 60 cajas. En su carro solo caben 10 cajas. ¿Cuántos viajes deberá hacer para entregar las 60 cajas?

______ viajes

3. Las cajas de jugo llegan a la tienda de Sam en paquetes de 4. La Sra. Pérez necesita 20 cajas de jugo en total. ¿Cuántos paquetes debe comprar?

______ paquetes

Repasa las estrategias

Escoge una estrategia
- Hacer una tabla.
- Hacer un modelo.
- Hallar un patrón.

4. Aaron tiene 3 moldes de pastelitos. En cada molde caben 6 pastelitos. ¿Cuántos pastelitos puede Aaron hornear a la vez?

_____ pastelitos

5. Durante su partido de sóftbol, Suzie, Simón y Sean tomaron 4 botellas de agua. ¿Cuántas botellas de agua tomaron en total?

_____ botellas

6. El Sr. Bell quiere que sus 21 estudiantes se pongan sus guantes para salir. ¿Cuántos guantes tienen en total?

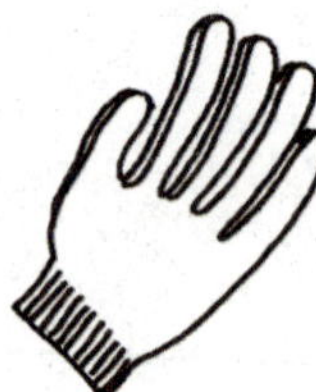

_____ guantes

7. Grace, Elías y Cameron están guardando las etiquetas de sopas. Grace tiene 10, Elías tiene 7 y Cameron tiene 13. ¿Cuántas etiquetas más tiene Cameron que Elías?

_____ etiquetas

Nombre

Mi tarea

Lección 6
Resolución de problemas: Hacer una tabla

Cada gallina pone el mismo número de huevos. Una gallina pone 3 huevos. Dos gallinas ponen 6 huevos. Tres gallinas ponen 9 huevos. ¿Cuántos huevos pondrán 6 gallinas?

1 Comprende Subraya lo que sabes. Encierra en un círculo lo que debes hallar.

2 Planea ¿Cómo resolveré el problema?

3 Resuelve Voy a hacer una tabla.

Cada gallina pone 3 huevos. Por lo tanto, 6 gallinas pondrán 18 huevos.

Gallinas	Huevos
1	3
2	6
3	9
4	12
5	15
6	18

4 Comprueba ¿Es razonable mi respuesta?

Resolución de problemas

Subraya lo que sabes. Encierra en un círculo lo que debes hallar.

1. En un tanque caben 4 tortugas. José tiene 3 tanques. ¿Cuántas tortugas puede tener?

_____ tortugas

2. Nueve niños quieren alimentar a los pájaros. Cada uno tiene 2 bolsas de semillas. ¿Cuántas bolsas de semillas hay en total?

_____ bolsas

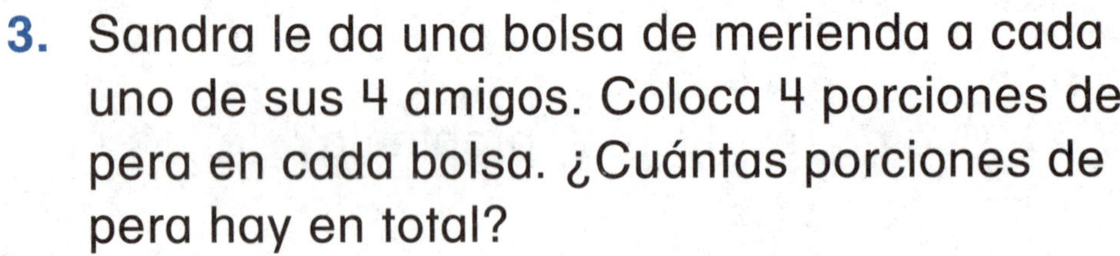

3. Sandra le da una bolsa de merienda a cada uno de sus 4 amigos. Coloca 4 porciones de pera en cada bolsa. ¿Cuántas porciones de pera hay en total?

_____ porciones de pera

¡Hacemos una gran pareja!

4. Ocho niños están haciendo muñecos de nieve. Cada muñeco de nieve necesita 3 bolas de nieve. ¿Cuántas bolas de nieve necesitan los niños en total?

_____ bolas de nieve

Las mates en casa Pídale a su niño o niña que haga una tabla para mostrar cuántas meriendas come en una semana.

Nombre ....

Hacer diagramas lineales

Lección 7

PREGUNTA IMPORTANTE
¿Cómo puedo registrar y analizar datos?

Explorar y explicar

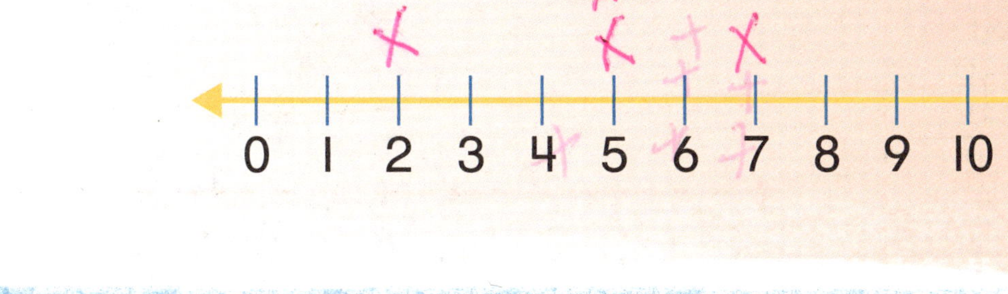

Instrucciones para el maestro: Diga a los estudiantes: *Carla preguntó a 10 estudiantes cuántas porciones de frutas y verduras comen al día. Tres personas comen 2 porciones. Escriban 3 X sobre el número 2. Seis personas comen 5 porciones. Escriban 6 X sobre el número 5. Una persona come 7 porciones. Escriban 1 X sobre el número 7.*

Ver y mostrar

Un **diagrama lineal** es una manera de organizar datos. Los diagramas lineales se usan para ver con qué frecuencia aparece cierto número en los datos.

Los estudiantes del Sr. Sun marcaron sus edades en una tabla de conteo. Hicieron un diagrama lineal usando los datos.

Edad	Conteo
7	|||
8	𝍸
9	||

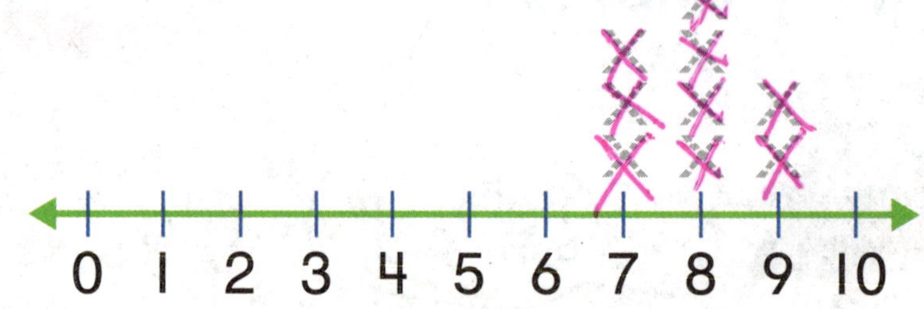

Usa la tabla de conteo para hacer un diagrama lineal.

1.

Mascotas	Conteo
1	||
2	|||
3	||
4	|

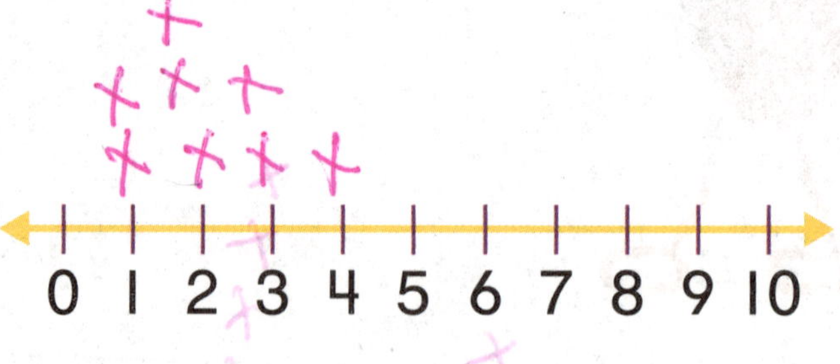

2.

Hermanas	Conteo
0	||
1	|||
3	|
4	

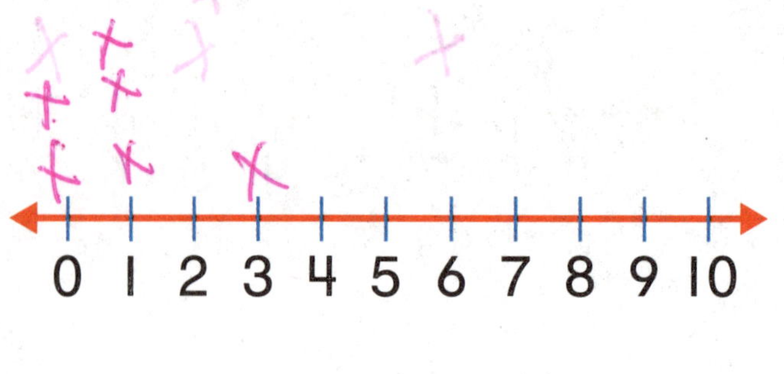

¿En qué se parecen los diagramas lineales a las tablas de conteo?

Nombre ....

Por mi cuenta

Usa la tabla de conteo para hacer un diagrama lineal.

3.

Hermanos	Conteo
0	|||
1	||||
3	|||
4	|

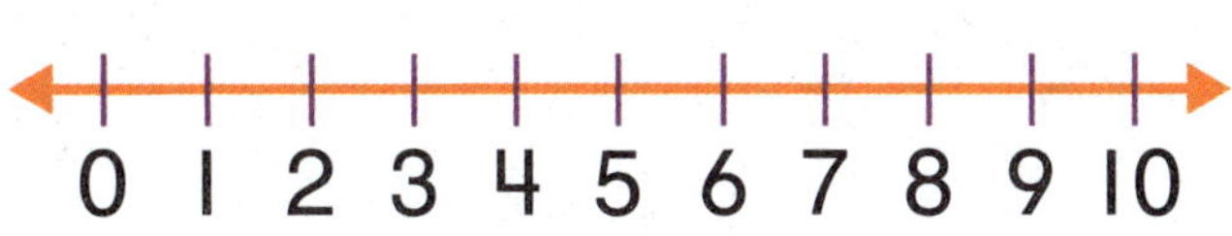

4.

Primos	Conteo
4	|||
5	||||
6	~~||||~~ |
7	~~||||~~

5.

Tías	Conteo
3	~~||||~~ |
4	|||
5	||
6	|||

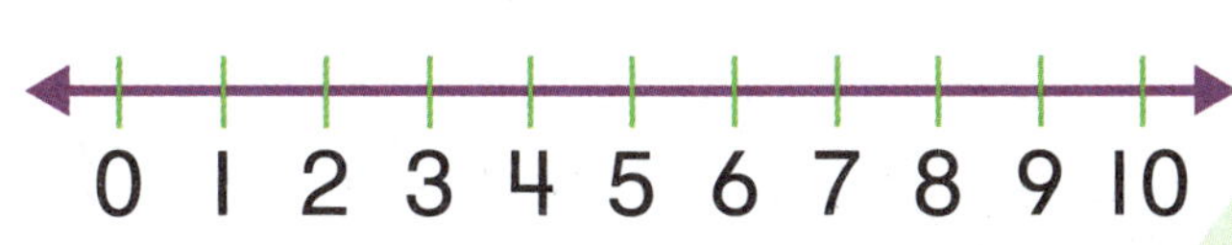

Resolución de problemas

Usa los datos para hacer un diagrama lineal.

6. Elí preguntó a 10 compañeros de clase cuántos vasos de agua toman al día. Dos personas respondieron 1. Tres personas respondieron 0. Tres personas respondieron 4. Los demás respondieron 6.

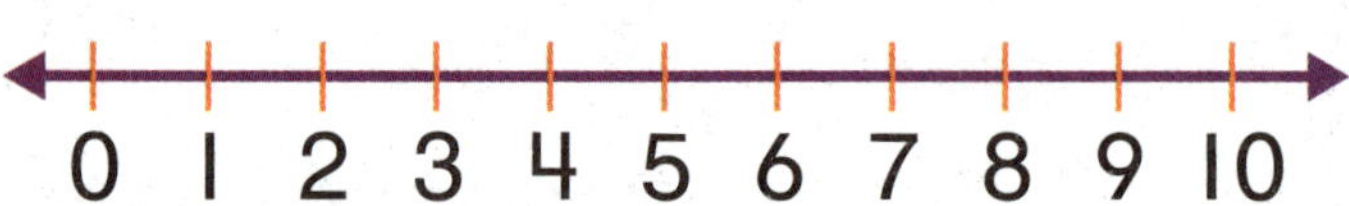

7. Sydney preguntó a 15 amigos cuántas veces hacen ejercicio a la semana. El mismo número de personas respondió 1 vez y 3 veces. Cinco personas respondieron 2 veces. Cuatro personas respondieron 4 veces.

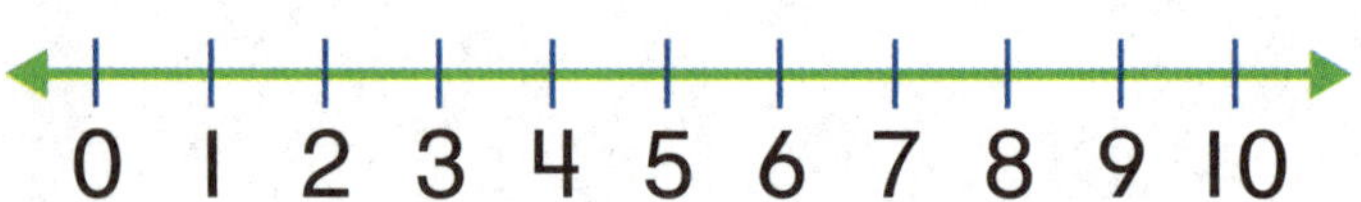

Las mates en palabras ¿Puedes usar un diagrama lineal para mostrar datos acerca del color favorito?

Nombre ....

Mi tarea

Lección 7
Hacer diagramas lineales

Asistente de tareas

¿Necesitas ayuda? connectED.mcgraw-hill.com

Puedes usar los datos de una tabla de conteo para hacer un diagrama lineal. Los diagramas lineales muestran con qué frecuencia aparece cierto número en los datos.

Deportes	Conteo
0	||
1	|||
2	~~||||~~
3	|||

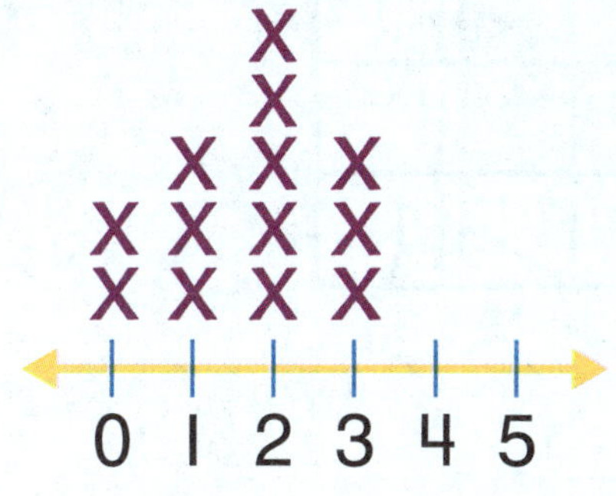

Práctica

Usa la tabla de conteo para hacer un diagrama lineal.

1.

Hermanos o hermanas	Conteo
0	|||
1	|
2	|||
3	||

Usa la tabla de conteo para hacer un diagrama lineal.

2.

Clases de segundo grado	Conteo
1	|
2	|||
3	~~||||~~
4	~~||||~~ ||

3.

Balanceos	Conteo
5	||||
6	~~||||~~ ||
7	|||
8	~~||||~~ |

0 1 2 3 4 5 6 7 8 9 10

Comprobación del vocabulario

Vocabulario

4. Encierra en un círculo el **diagrama lineal**.

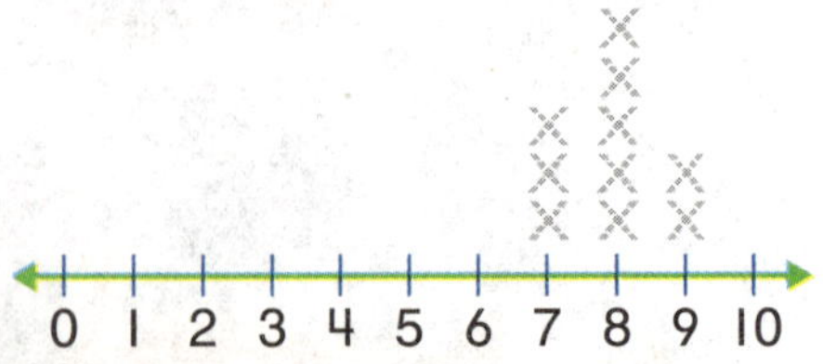

Nuestros juguetes favoritos

Pelotas	
Patines	
Animales de peluche	

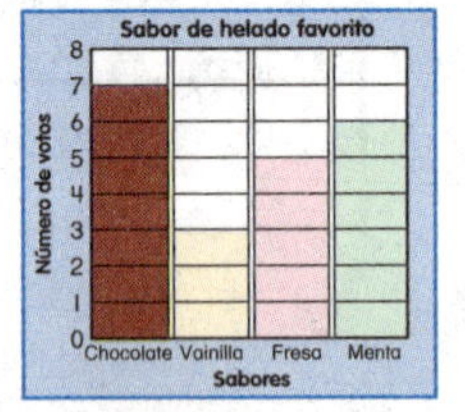

Las mates en casa Ayude a su niño o niña a realizar una encuesta acerca de las edades de sus primos. Pídale que haga un diagrama lineal para mostrar los datos.

Nombre ....

Analizar diagramas lineales

Lección 8

PREGUNTA IMPORTANTE
¿Cómo puedo registrar y analizar datos?

Explorar y explicar

¿Deberíamos dividir el postre?

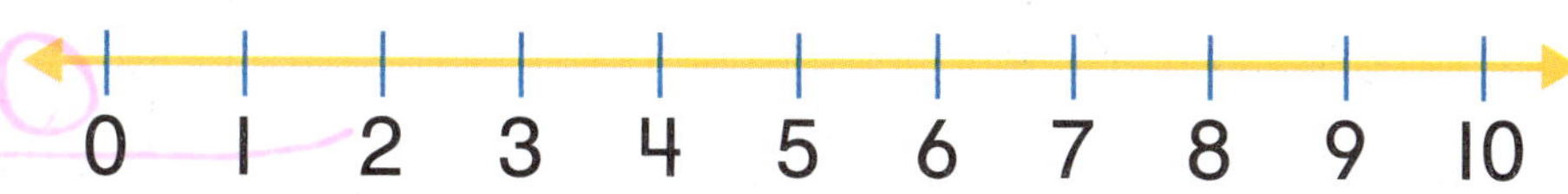

¿Cuántas veces a la semana come postre la mayoría de las personas?

____

Instrucciones para el maestro: Pida a los niños que pregunten a 10 personas cuántas veces comen postre a la semana. Diga: *Usen los datos para hacer un diagrama lineal. Respondan la pregunta.*

Ver y mostrar

Puedes usar los datos de un diagrama lineal para responder a las preguntas.

Número de estudiantes

15 16 17 18 19 20 21 22 23 24 25

Este diagrama lineal muestra el número de estudiantes por clase en la escuela.

¿Cuántos estudiantes hay en la mayoría de las clases? 21

Usa los datos del diagrama lineal para responder a las preguntas.

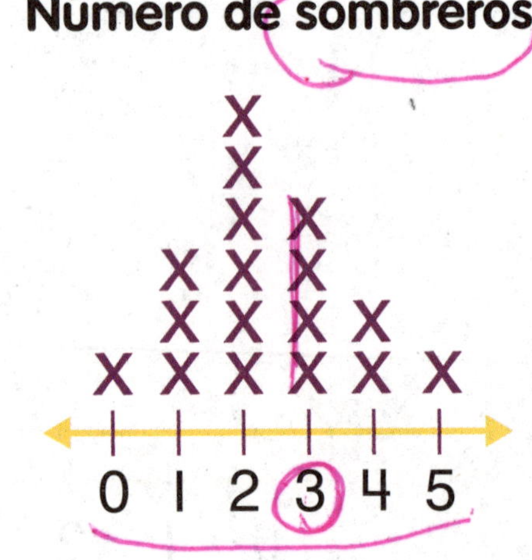

1. ¿Cuántos estudiantes tienen 2 sombreros? ______

2. ¿Cuántos estudiantes tienen solo 1 sombrero? ______

3. ¿Cuántos estudiantes tienen 3 sombreros? ______

4. ¿Cuántos estudiantes tienen más de 2 sombreros? ______

¿En qué se parecen o en qué se diferencian los diagramas lineales de las gráficas de barras o de las gráficas con imágenes?

Nombre ....

CCSS

Por mi cuenta

Usa los datos del diagrama lineal para responder a las preguntas.

Corte de zanahoria

Número de verduras

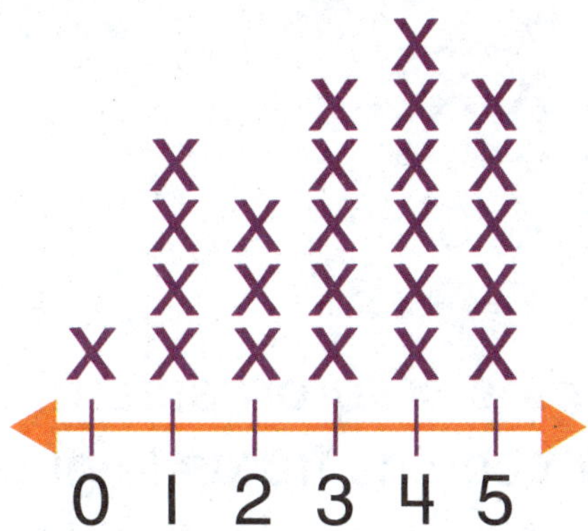

5. ¿Qué número tiene la mayor cantidad de X? ______

6. ¿A cuántos estudiantes les gustan 4 verduras? ______

7. ¿Qué número tiene la menor cantidad de X? ______

8. ¿A cuántos estudiantes les gustan 2 verduras? ______

9. ¿Cuántos estudiantes se encuestaron en total? ______

10. ¿A cuántos estudiantes les gusta más de 1 verdura? ______ estudiantes

11. ¿A cuántos estudiantes no les gustan las verduras? ______ estudiante

Resolución de problemas

12. Termina el diagrama lineal para Ada. Ella debe mostrar que cada uno de sus tres amigos tiene dos osos de juguete.

Número de osos de juguete

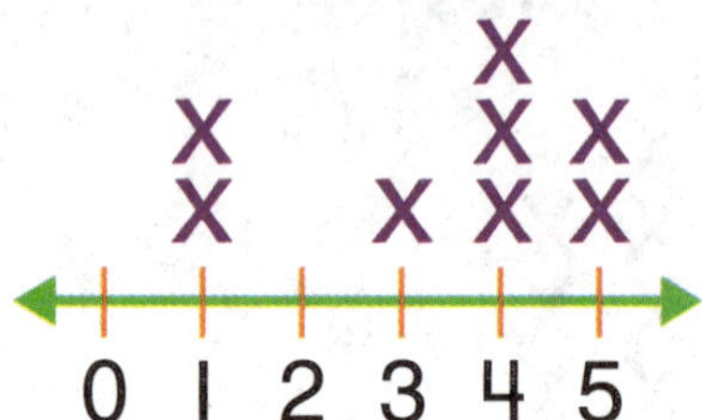

¡Teddy!

13. Veintitrés estudiantes crearon este diagrama lineal para mostrar cuántas frutas le gustan a cada uno. ¿A cuántos estudiantes no les gustan las frutas?

Frutas

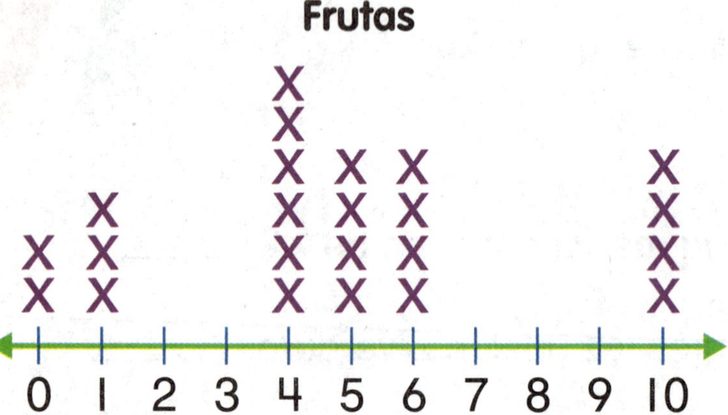

_____ estudiantes

Las mates en palabras Carlos observa el diagrama lineal de arriba y dice que a 1 estudiante le gustan tres frutas. Di por qué está equivocado. Corrígelo.

____

____

____

Nombre ....

Mi tarea

Lección 8
Analizar diagramas lineales

Asistente de tareas

¿Necesitas ayuda? connectED.mcgraw-hill.com

Puedes responder a las preguntas usando los datos de diagramas lineales.

¿Cuántas amigas tienen 3 muñecas?

5 amigas tienen cada una 3 muñecas.

Número de muñecas

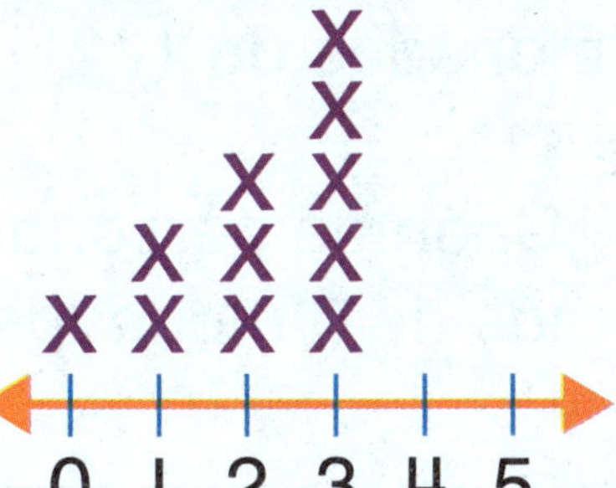

Práctica

Usa los datos del diagrama lineal para responder a las preguntas.

Las mesadas de mis amigos

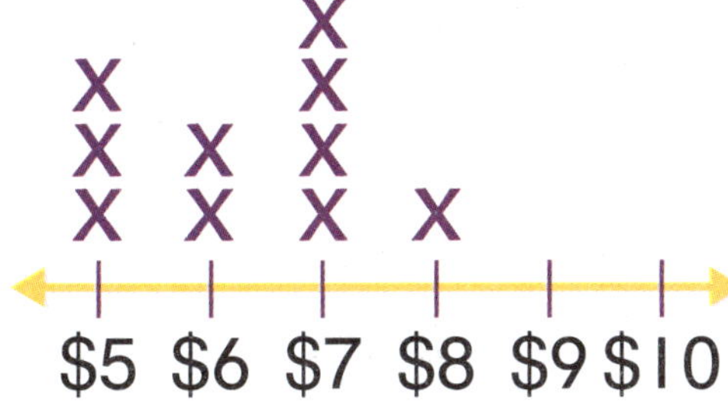

1. ¿Cuántas personas reciben $5? _______

2. ¿Cuánta mesada recibe la mayoría de las personas?

____

3. ¿Cuántas personas reciben más de $6?

____

Usa los datos del diagrama lineal para responder a las preguntas.

Número de monedas de 1¢

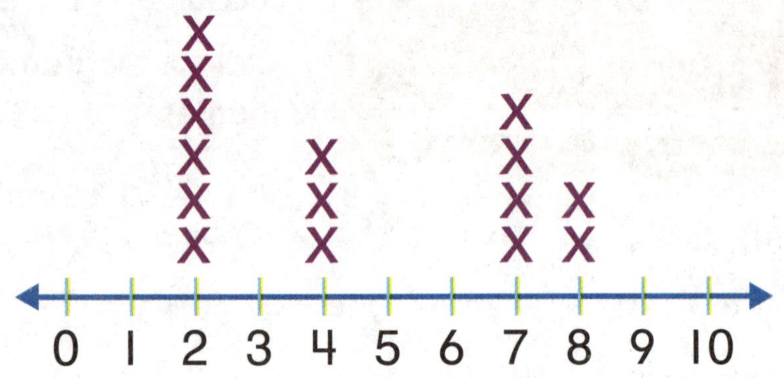

Me pregunto si mamá me dejará tener ¡cinco perros!

4. ¿Cuántas personas encontraron monedas de 1¢? ______

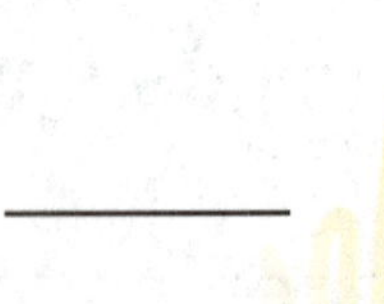

5. ¿Cuántas personas encontraron más de 5 monedas de 1¢? ______

6. ¿Cuántas personas encontraron menos de 5 monedas de 1¢? ______

Práctica para la prueba

7. ¿Cuántas personas tienen 5 perros?

3 ○

2 

1 

0 ○

Número de perros

Las mates en casa Haga un diagrama lineal acerca del número de elecciones de alimentos saludables que su niño o niña hace al día. Hágale preguntas sobre el diagrama lineal al final de la semana.

Nombre ....

Mi repaso

Capítulo 9

Análisis de datos

Comprobación de vocabulario

datos **encuesta** **marcas de conteo**

gráfica con imágenes **diagrama lineal** **gráfica de barras**

Escribe la palabra correcta en los espacios en blanco.

1. Puedes recopilar datos haciendo la misma pregunta a un grupo de personas mediante una _______________.

2. Una _______________ usa barras para ilustrar datos.

3. Los números o símbolos que muestran información se llaman _______________.

4. Un _______________ muestra con qué frecuencia aparece un cierto número en los datos.

5. Una _______________ usa imágenes para ilustrar la información recopilada.

6. Una _______________ es una marca que se usa para registrar los datos recopilados en una encuesta.

Comprobación del concepto 

Usa la tabla de conteo para hacer una gráfica con imágenes.

7.

Deporte favorito	
Deporte	Conteo
Béisbol	||||
Fútbol americano	||||
Hockey	||
Voleibol	|||

Deporte favorito

Béisbol					
Fútbol americano					
Hockey					
Voleibol					

Clave: Cada imagen = 1 voto

Usa la anterior gráfica con imágenes para completar las oraciones.

8. ¿Cuántos estudiantes se encuestaron? ________

9. ¿A cuántos estudiantes les gusta el *hockey* y el fútbol americano? ________

Usa la tabla de conteo para hacer una gráfica de barras.

10.

¿Has visitado el zoológico?	Conteo
Sí	~~||||~~ ~~||||~~
No	|

Usa la anterior gráfica de barras para completar las oraciones.

11. ¿Cuántos estudiantes han visitado el zoológico? ________

12. ¿Cuántos estudiantes más han visitado el zoológico que quienes no lo han visitado? ________

Nombre

Resolución de problemas

13. Taylor le pidió a 12 amigos que nombraran su número favorito. Cinco amigos dijeron 4. Seis amigos dijeron 1. Un amigo dijo 2. Usa los datos de Taylor para completar el diagrama lineal.

Mi problema no está aquí arriba. Está al final de la página.

Nuestros números favoritos

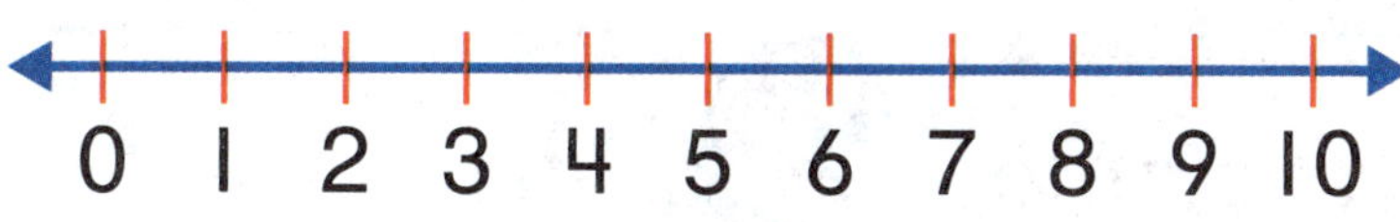

14. Un triciclo tiene 3 ruedas.
¿Cuántas ruedas tienen 4 triciclos?

_____ ruedas

Práctica para la prueba

15. En el zoológico hay 4 jirafas. Cada jirafa tiene 4 patas.
¿Cuántas patas hay en total?

2	4	8	16
○	○	○	○

Pienso

Capítulo 9

Respuesta a la pregunta importante

Muestra cómo registrar y analizar datos.

Completar la tabla de conteo.

Fruta	Conteo	Total
Plátano	𝍸	
Manzana	||||	
Naranja	|||	

Usar la tabla de conteo para hacer una gráfica con imágenes.

Fruta

Plátano					
Manzana					
Naranja					

Clave: Cada fruta = 1 voto

PREGUNTA IMPORTANTE

¿Cómo puedo registrar y analizar datos?

Usar la tabla de conteo para hacer una gráfica de barras.

Analizar los datos.

¿A cuántas personas les gustan la manzana y el plátano?

_____

¡Mantén los ojos en el objetivo!

Capítulo

10 La hora

PREGUNTA IMPORTANTE
¿Cómo uso y digo la hora?

Mis estándares estatales

Medición y datos

CCSS

2.MD.7 Decir y escribir la hora indicada en relojes analógicos y digitales, redondeando a los cinco minutos más cercanos, usando las expresiones *a. m.* y *p. m.*

Estándares para las
PRÁCTICAS matemáticas

1. Entender los problemas y perseverar en la búsqueda de una solución.
2. Razonar de manera abstracta y cuantitativa.
3. Construir argumentos viables y hacer un análisis del razonamiento de los demás.
4. Representar con matemáticas.
5. Usar estratégicamente las herramientas apropiadas.
6. Prestar atención a la precisión.
7. Buscar una estructura y usarla.
8. Buscar y expresar regularidad en el razonamiento repetido.

= Se trabaja en este capítulo.

Nombre ______________________________

Antes de seguir...

Conéctate para hacer la prueba de preparación.

Encierra en un círculo la hora.

1. 

7 en punto   2 en punto   6 en punto

2. 

4:00   5:00   6:00

Halla los números que faltan.

3. 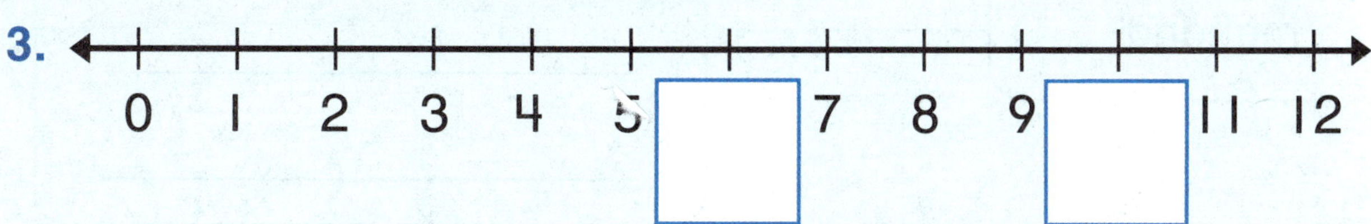

4. 2, 4, ______, 8, ______, 12, 14, 16, ______, 20

5. 5, ______, ______, 20, ______, ______, 35, 40, ______

6. Kira camina a casa de regreso de la escuela. Encierra en un círculo la hora del día en que realiza esta actividad.

mañana   tarde   atardecer

¿Cómo me fue?

Sombrea las casillas para mostrar los problemas que respondiste correctamente.

1	2	3	4	5	6

Nombre

Las palabras de mis mates

Repaso del vocabulario

atardecer mañana tarde

Escribe una actividad que realizas en cada momento del día. Usa *mañana, tarde* o *atardecer* en las oraciones.

mañana

tarde

atardecer

Mis tarjetas de vocabulario

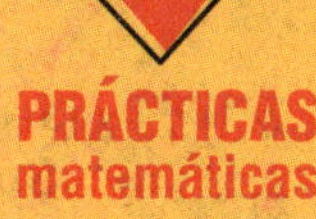

PRÁCTICAS matemáticas

Lección 10-6

a. m.

Lección 10-4

cuarto de hora

12 y cuarto   1 menos cuarto

Lección 10-1

hora

3 en punto
3:00

Lección 10-1

manecilla horaria

Lección 10-2

media hora

5 y media
5:30

Lección 10-1

minutero

Instrucciones para el maestro: Sugerencias

- Pida a los estudiantes que inventen adivinanzas para las palabras. Pídales que trabajen con un compañero o una compañera para descubrir la palabra de cada adivinanza.
- Pida a los estudiantes que organicen las tarjetas para mostrar parejas opuestas. Luego, pídales que expliquen el emparejamiento.

Un cuarto de hora es 15 minutos. A veces se dice *y cuarto* o *menos cuarto*. 4 cuartos de hora = 1 hora

Las horas que van desde la medianoche hasta el mediodía.

Manecilla corta del reloj que indica la hora.

Unidad para medir el tiempo. 1 hora = 60 minutos

La manecilla más larga del reloj que indica los minutos.

Media hora es 30 minutos. A veces se dice *y media*.

Mis tarjetas de vocabulario

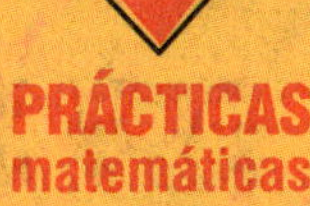

PRÁCTICAS matemáticas

Lección 10-2

minuto

1 minuto
60 segundos

Lección 10-6

p. m.

Lección 10-1

reloj analógico

Lección 10-1

reloj digital

Instrucciones para el maestro:
Más sugerencias

- Diga a los estudiantes que hagan un dibujo para explicar el significado de una palabra. Pídales que trabajen con un compañero o una compañera para adivinar la palabra.
- Pida a los estudiantes que usen una tarjeta en blanco para escribir la pregunta importante de este capítulo. Pídales que escriban o dibujen en el reverso ejemplos que los ayuden a responder la pregunta.

Las horas que van desde el mediodía hasta la medianoche.

Unidad que se usa para medir el tiempo.
Cada una de las marcas de un reloj analógico.
1 minuto = 60 segundos
60 minutos = 1 hora

Reloj que marca la hora solo con números.

Reloj que tiene una manecilla horaria y un minutero.

Mi modelo de papel

FOLDABLES® Sigue los pasos que aparecen en el reverso para hacer tu modelo de papel.

a. m. p. m.

a. m. p. m.

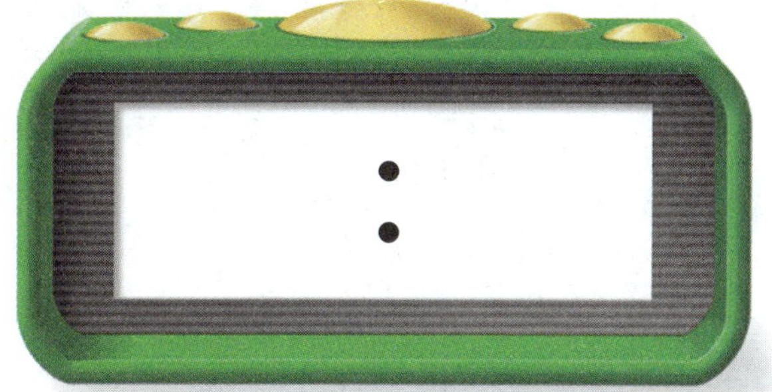

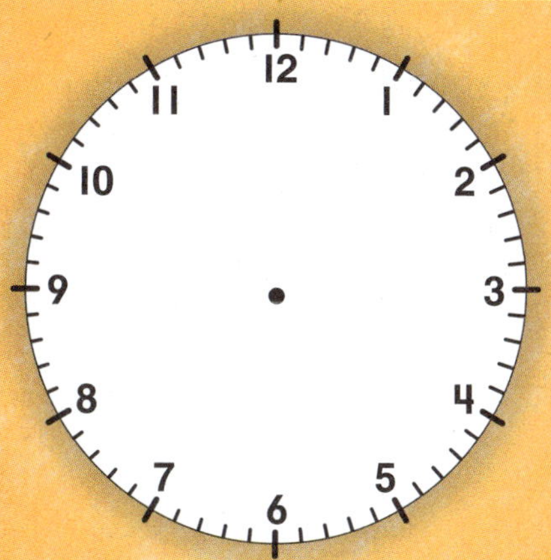

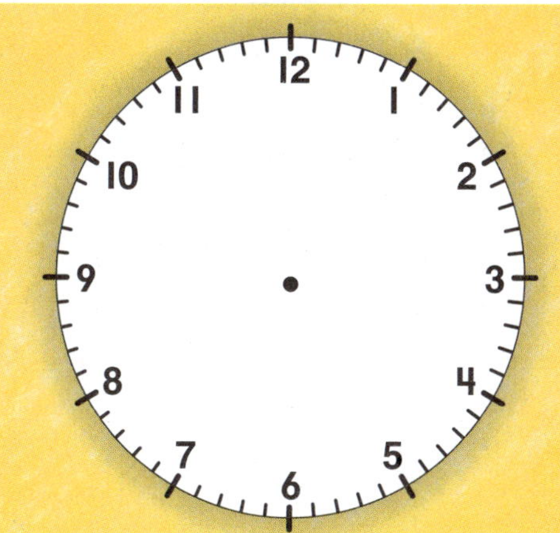

a. m. p. m.

a. m. p. m.

1

2

3

1 en punto

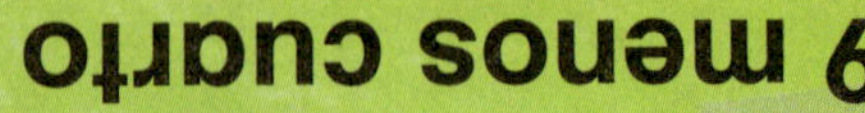

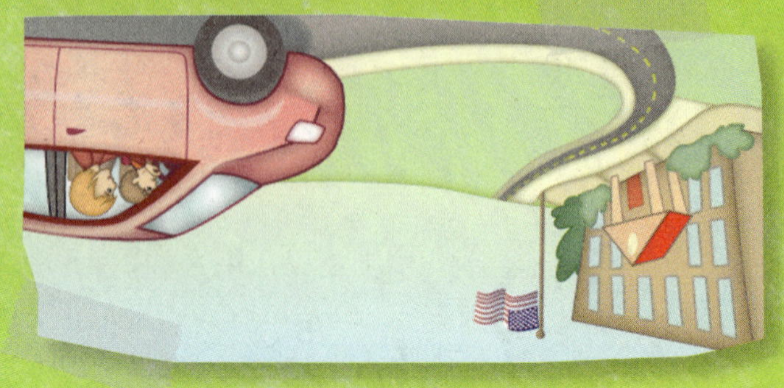

2 y cuarto

3 y media

Nombre ....

La hora en punto

Lección 1

PREGUNTA IMPORTANTE 
¿Cómo uso y digo la hora?

Explorar y explicar

Observa Herramientas

__________ en punto

Instrucciones para el maestro: Pida a los niños que escriban en el reloj los números que faltan. Diga: *Usen un* 🕓 *para mostrar la hora. Dibujen las manecillas en el reloj para mostrar las 4 en punto. Escriban la hora.*

Ver y mostrar

En un **reloj analógico**, la **manecilla horaria** indica la **hora**. Es más corta.

El **minutero** indica los **minutos**. Es más largo.

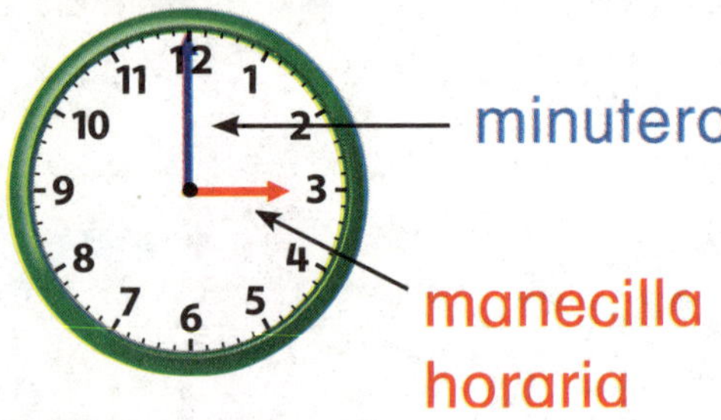

Un **reloj digital** muestra la hora y los minutos en una pantalla.

3 en punto

Usa un [reloj]. Di qué hora muestran los relojes. Escribe la hora.

1.

_______ en punto

2.

_______ en punto

3.

_______ en punto

¿En qué se parece un reloj analógico a una recta numérica?

Nombre ....

Por mi cuenta

Usa un (reloj). Di qué hora muestran los relojes. Escribe la hora.

4\.

_______ en punto

5\.

_______ en punto

6\.

_______ en punto

Dibuja las manecillas en los relojes. Escribe la hora.

7\. 5 en punto

8\. 10 en punto

9\. 3 en punto

Resolución de problemas

PRÁCTICAS matemáticas

Muestra la hora en los relojes.

10. Colin llega a casa a las 3 en punto. Evan llega una hora después. ¿A qué hora llega Evan a casa?

11. El entrenamiento de básquetbol comienza a las 4:00. Mark come una merienda 2 horas antes del entrenamiento. ¿A qué hora come Mark su merienda?

12. La hora es después de las 7 y antes de las 9 en punto. Si la hora es en punto, ¿qué hora es? Muestra la hora en el reloj analógico.

Las mates en palabras ¿Qué hora es si la manecilla horaria está en el 5 y el minutero está en el 12? ¿Cómo lo sabes?

Nombre ....

Mi tarea

Lección 1

La hora en punto

Asistente de tareas

Ayuda en línea ¿Necesitas ayuda? connectED.mcgraw-hill.com

Puedes decir y escribir la hora en punto.

Son las 5 en punto o 5:00.

Práctica

Di qué hora muestran los relojes. Escribe la hora.

1.

________ en punto

2.

________ en punto

3.

________ en punto

Dibuja las manecillas en cada reloj. Luego, escribe la hora.

4. 2 en punto

5. 4:00

6. La hora en el reloj de Javier es 3 horas después de las 2:00. Escribe la hora en su reloj.

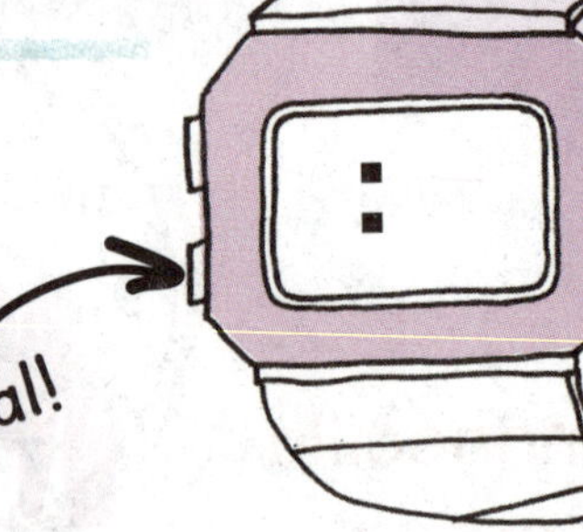

¡El reloj de Javier es genial!

Comprobación del vocabulario

Vocabulario

Completa las oraciones.

manecilla horaria **reloj analógico** **minutero** **reloj digital**

7. Un ________________ tiene una manecilla horaria y un minutero.

8. La ________________ indica la hora en un reloj analógico.

9. Un ________________ marca la hora solo con números en una pantalla.

10. El ______________ indica los minutos en el reloj analógico.

Las mates en casa A lo largo del día, pida a su niño o niña que mire un reloj analógico o digital que muestre la hora en punto. Pídale que le diga la hora.

Nombre ....

La media hora

Lección 2

PREGUNTA IMPORTANTE
¿Cómo uso y digo la hora?

Explorar y explicar

__________ y media

Instrucciones para el maestro: Pida a los niños que usen un [reloj] para mostrar las 5 en punto. Diga: *Muevan la manecilla horaria hasta el 6.* Pregunte: *¿Qué hora es?* Diga: *Repitan el ejercicio con otras horas para mostrar la hora en punto y la hora y media. Dibujen las manecillas para mostrar una de las horas y escríbanla.*

Ver y mostrar

Puedes mostrar la hora a la media hora. Media hora es 30 minutos. Estos relojes muestran las **2 y media**.

Pista
Cuando pasa media hora, la manecilla horaria se mueve a la mitad entre los dos números.

Son las 2:30.

La manecilla horaria está entre el 2 y el 3.
El minutero señala el 6.

Usa un . Di qué hora muestran los relojes. Escribe la hora.

1.

:

_______ y media

2.

_______ y media

3.

_______ y media

Son las 8 y media. Explica qué significa *y media*.

Nombre

Por mi cuenta

Usa un [reloj]. Di qué hora muestran los relojes. Escribe la hora.

4.

_____ y media

5.

_____ y media

6.

_____ y media

Dibuja las manecillas en cada reloj. Escribe la hora.

7. 4 y media

8. 7 y media

9. 6 y media

Resolución de problemas

10. Elías se despierta a las 7 y media. Debe salir hacia la escuela una hora después. Muestra y escribe la hora en que debe salir hacia la escuela.

Usa los relojes que aparecen a continuación.

Comienza la escuela

Entrenamiento de fútbol

Suena el despertador

¿Qué sucede en estas horas?

11. 6:30 ____________________

12. 3:30 ____________________

13. 8:30 ____________________

Las mates en palabras ¿En qué se diferencia leer un reloj digital de leer un reloj analógico? Explica tu respuesta.

____

____

____

____

Nombre ____________________

Mi tarea

Lección 2
La media hora

Asistente de tareas

Ayuda en línea ¿Necesitas ayuda? connectED.mcgraw-hill.com

Puedes decir y escribir la hora a la media hora.

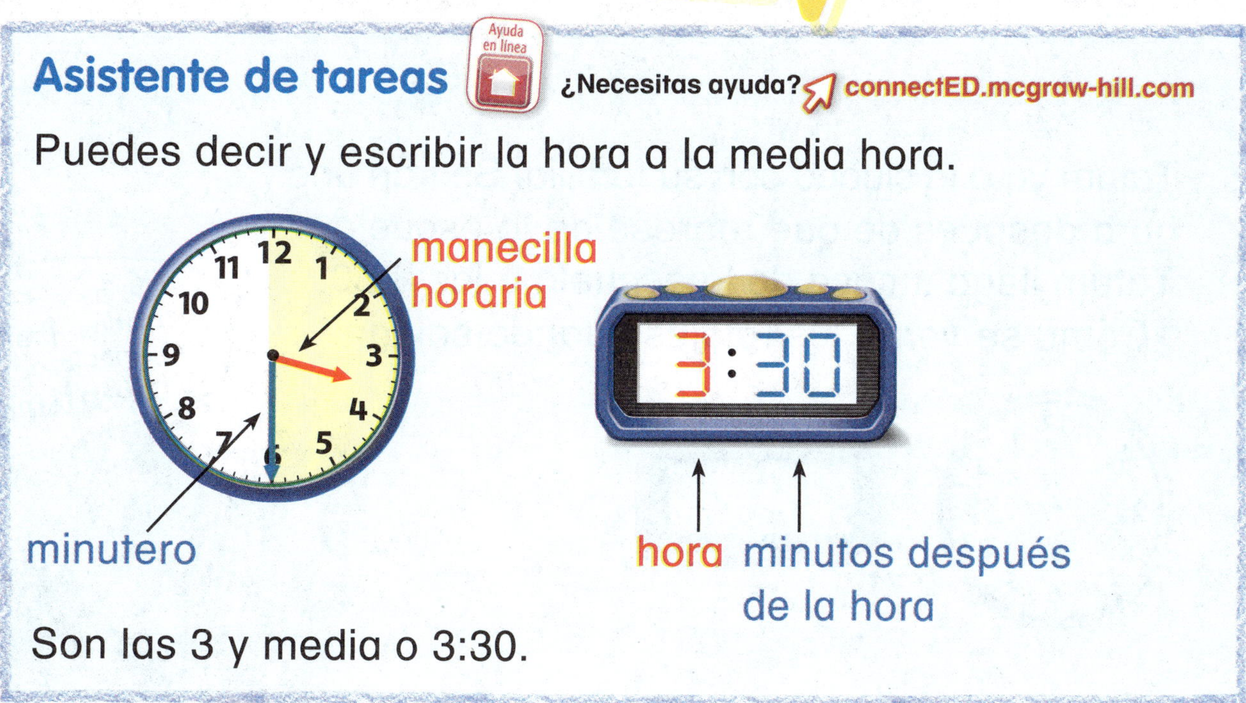

Son las 3 y media o 3:30.

Práctica

Di qué hora muestran los relojes. Escribe la hora.

1. 

___ : ___

______ y media

2. 

______ y media

3. 

______ y media

Dibuja las manecillas en cada reloj. Escribe la hora.

4. 1 y media

5. 11 y media

6. Tatum va a la ciudad con su familia. Se irán una hora después de que regrese de la escuela. Tatum llega a casa de la escuela a las 3:30. ¿Cómo se verán los relojes cuando salgan?

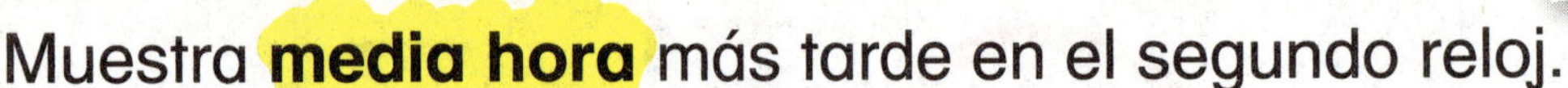

Comprobación del vocabulario

Muestra **media hora** más tarde en el segundo reloj.

7.

Las mates en casa Dé a su niño o niña una hora en punto. Pídale que le diga cuál es la posición de las manecillas del reloj media hora después de esa hora o en media hora.

Nombre ....

Resolución de problemas

ESTRATEGIA: Hallar un patrón

Lección 3

PREGUNTA IMPORTANTE
¿Cómo uso y digo la hora?

Herramientas

Los autobuses salen en orden cada media hora. El autobús 1 sale a las 9:30. El autobús 2 sale a las 10:00. ¿A qué hora salen los autobuses 3 y 4?

1 Comprende

Subraya lo que sabes.
Encierra en un círculo lo que debes hallar.

2 Planea

¿Cómo resolveré el problema?

3 Resuelve

Voy a hallar un patrón.

9:30	10:00	10:30	11:00
Autobús 1	Autobús 2	Autobús 3	Autobús 4

4 Comprueba

¿Es razonable mi respuesta?

Practica la estrategia

Cada clase de la escuela saldrá al recreo 30 minutos después de la otra. La primera clase saldrá al recreo a la 1:00. ¿A qué hora saldrá la cuarta clase?

1 Comprende Subraya lo que sabes. Encierra en un círculo lo que debes hallar.

2 Planea ¿Cómo resolveré el problema?

3 Resuelve Voy a...

______, ______, ______, ______

Clase 1 Clase 2 Clase 3 Clase 4

4 Comprueba ¿Es razonable mi respuesta? ¿Por qué?

Nombre ....

Aplica la estrategia

Halla un patrón para resolver. Usa los espacios provistos.

1. En la mañana, los estudiantes de la Sra. White cambian de actividad cada hora. Lectura empieza a las 8:30. Sus estudiantes asisten a tres actividades más. ¿A qué hora empieza cada actividad?

8:30, ________, ________, ________

2. Los estudiantes empiezan a trabajar en los centros de aprendizaje a las 10:30. Dos horas después, salen al recreo. ¿A qué hora salen los estudiantes al recreo?

____

3. En la tarde, los estudiantes de la Sra. White cambian de actividad cada media hora. Matemáticas empieza a la 1:00. Escritura empieza después de matemáticas. ¿A qué hora empieza escritura?

____

Repasa las estrategias

Escoge una estrategia
- Hallar un patrón.
- Representar.
- Hacer un dibujo.

4. Carmen tiene 8 zapatos. Coloca un número igual de zapatos en dos maletas. ¿Cuántos zapatos habrá en cada maleta?

_____ zapatos

5. Una tarjeta postal cuesta 45¢. Jason desea comprar 2 tarjetas postales. Tiene 2 monedas de 25¢, 2 monedas de 10¢ y 3 monedas de 5¢. ¿Cuánto dinero tiene Jason?

____

¿Cuántas monedas de 1¢ necesita Jason para poder comprar las tarjetas postales?

_____ monedas de 1¢

6. El metro llega a la estación a la hora en punto y a la media hora. Ahora son las 4:30. La familia de Kate va de camino al metro, pero le tomará una hora llegar allí. ¿A qué hora podrá su familia subirse al metro?

____

Nombre

Mi tarea

Lección 3
Resolución de problemas: Hallar un patrón

La familia de Ana va a visitar a su abuela. Le tomará cuatro horas llegar allí. La familia parte a las 10:30. ¿A qué hora llegará a la casa de la abuela?

1 Comprende

Subraya lo que sabes. Encierra en un círculo lo que debes hallar.

2 Planea

¿Cómo resolveré el problema?

3 Resuelve

Voy a hallar un patrón.

10:30 → 11:30 → 12:30 → 1:30 → 2:30

1 hora, 1 hora, 1 hora, 1 hora

La familia llegará a las 2:30.

4 Comprueba

¿Es razonable mi respuesta?

Resolución de problemas

Subraya lo que sabes. Encierra en un círculo lo que debes hallar. Halla un patrón para resolver.

1. Hay un avión que sale de la ciudad hacia la estación de esquí cada hora. El primer avión sale a las 10:00 y el último a las 4:00. ¿Cuántos aviones vuelan cada día a la estación?

_____ aviones

2. La clase del Sr. Lyon llegó al zoológico a las 9:30. Se encontró con el guardián 30 minutos después y otros 30 minutos más tarde vio a los pingüinos. ¿A qué hora vio a los pingüinos?

____

3. La familia de Julio desea viajar en un autobús turístico. El autobús sale de la estación cada media hora. Es la 1:00. Ellos acaban de perder el autobús. ¿A qué hora saldrán los dos siguientes autobuses?

__________, __________

Las mates en casa Pida a su niño o niña que lleve un diario durante una tarde. Cada media hora, pídale que escriba la hora y registre las actividades que realizó en ese tiempo. Al final de la tarde, vea si hubo alguna repetición u otro patrón en sus actividades.

Nombre ....

Compruebo mi progreso

Comprobación del vocabulario

Completa las oraciones.

minuto **reloj analógico** **hora**

reloj digital **media hora**

1. 60 minutos es una ________________.
2. 30 minutos es ________________.
3. 60 segundos es un ________________.
4. Un ________________ muestra la hora solo con números.
5. Un ________________ tiene una manecilla horaria y un minutero para mostrar la hora.

Comprobación del concepto

Di qué hora muestran los relojes. Escribe la hora.

6.

7.

8.

Dibuja las manecillas en cada reloj. Escribe la hora.

9. 8 y media

10. 11 en punto

11. 1 y media

Escribe la hora.

12.

_______ y media

13.

_______ en punto

14. Kevin tiene tres clases seguidas. Cada clase dura 2 horas. La primera clase de Kevin empieza a las 7:00. ¿Cuándo terminará la última clase de Kevin?

____

Práctica para la prueba

15. La campana para entrar a clase suena cada 30 minutos. La primera suena a las 8:30. ¿A qué hora sonará la cuarta campana?

10:30	10:00	11:30	9:30
○	○	○	○

Nombre

El cuarto de hora

Lección 4

PREGUNTA IMPORTANTE
¿Cómo uso y digo la hora?

Explorar y explicar

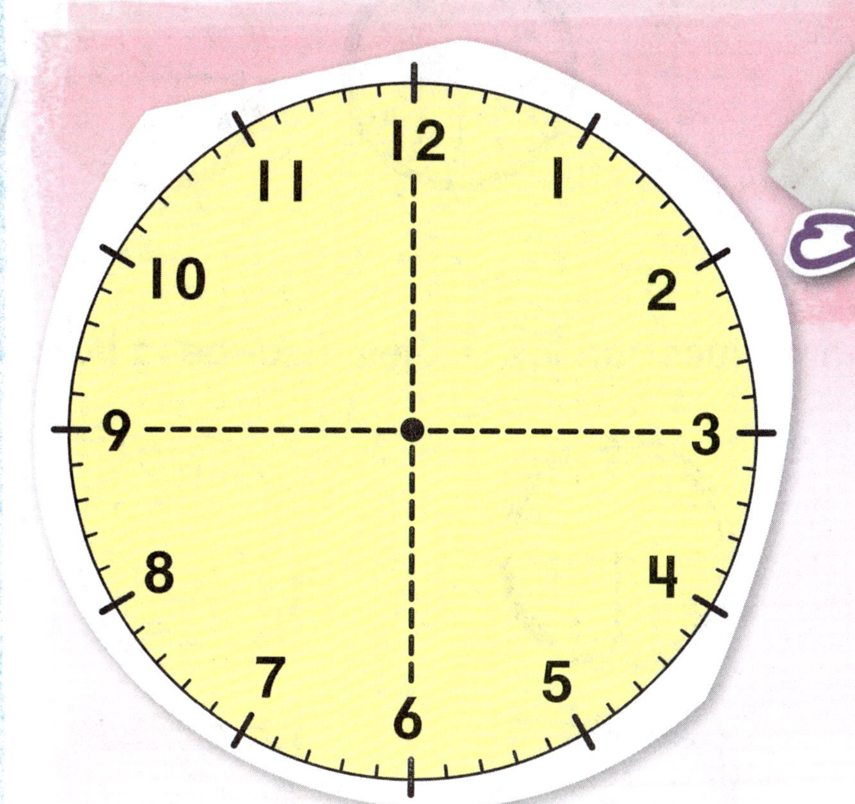

_______ y cuarto

Instrucciones para el maestro: Pida a los niños que doblen por la mitad un plato de papel o un pedazo de papel circular. Diga: *Dóblenlo nuevamente en cuartos. Desdóblenlo y miren las marcas de los dobleces. En el reloj de arriba, coloquen cubos en los cuartos de hora tomando como referencia su plato o círculo. Dibujen las manecillas en el reloj para mostrar el cuarto de hora. Escriban la hora.*

Ver y mostrar

Puedes mostrar la hora al **cuarto de hora**. Hay 15 minutos en un cuarto de hora. Hay 4 cuartos de hora en una hora.

1 en punto	1 y cuarto	1 y media	2 menos cuarto
1:00	1:15	1:30	1:45

Usa un reloj. Di qué hora muestran los relojes. Escribe la hora.

A las 4:15, ¿dónde se encuentra el minutero? Explica tu respuesta.

Nombre ....

Por mi cuenta

Usa un reloj. Di qué hora muestran los relojes. Escribe la hora.

4.

5.

6.

Dibuja las manecillas en cada reloj. Escribe la hora.

7. 2 menos cuarto

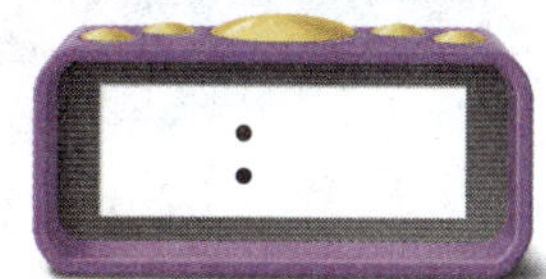

8. 5 y cuarto

9. 12 y cuarto

Lee la hora. Escribe la hora en los relojes digitales.

10. doce y cuarenta y cinco

11. cuatro y quince

12. nueve y treinta

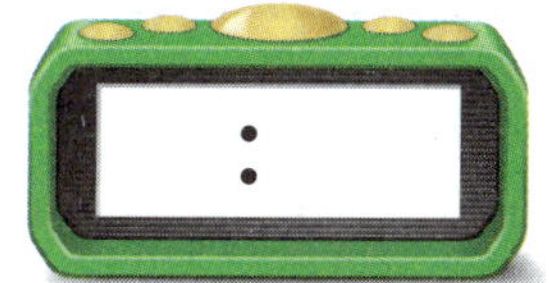

Resolución de problemas

13. María está en la escuela. Las clases terminan a las 3:15. María todavía debe esperar 3 horas. ¿Qué hora es ahora?

____

14. Ken va a la casa de su amigo a las 2:15. Encierra en un círculo el reloj que muestra esta hora.

15. Alex y su familia salieron de paseo a las 9:45. Viajaron durante 3 horas. Se detuvieron para almorzar. El almuerzo duró una hora. ¿A qué hora terminaron de almorzar?

____

¡Síganme!

Problema S.O.S. ¿Por qué se llama cuarto de hora a cada período de 15 minutos en un reloj?

____

____

____

Nombre

Mi tarea

Lección 4
El cuarto de hora

Asistente de tareas

Ayuda en línea ¿Necesitas ayuda? connectED.mcgraw-hill.com

Puedes mostrar la hora al cuarto de hora.

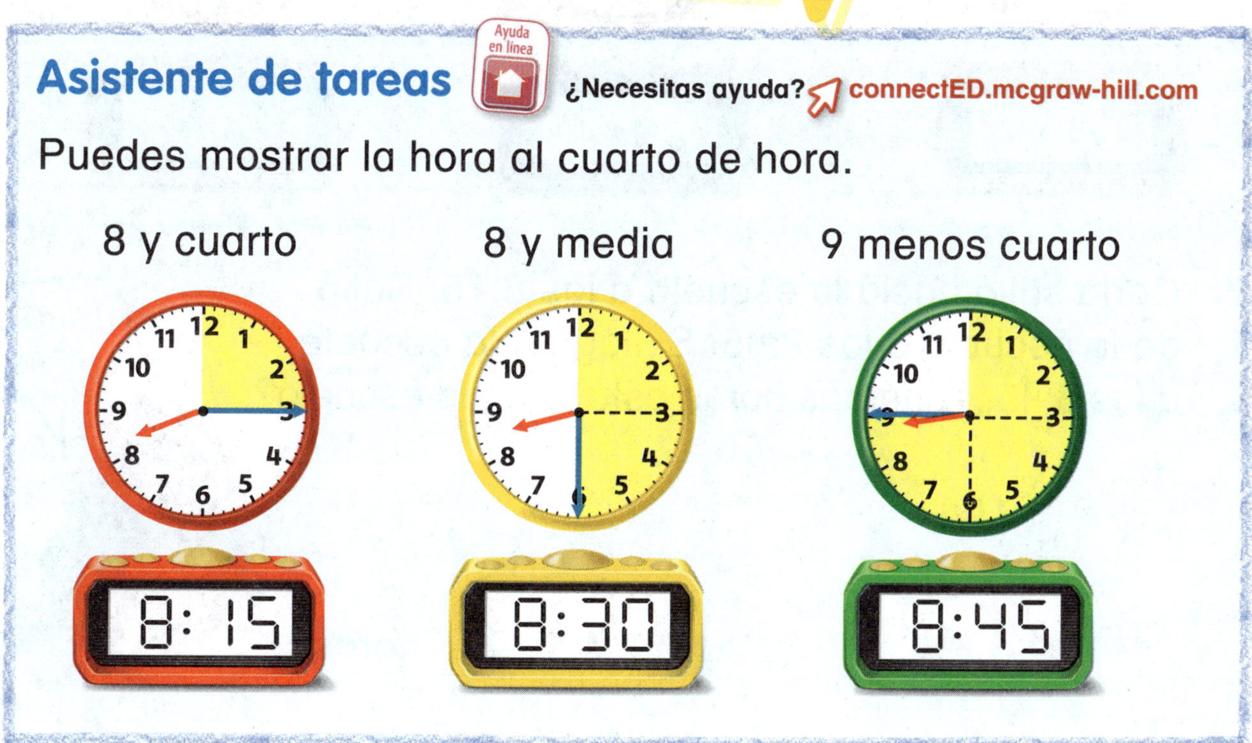

Práctica

Usa un [reloj]. Di qué hora muestran los relojes. Escribe la hora.

1.

2.

3.

Dibuja las manecillas en cada reloj. Escribe la hora.

4. 6 y cuarto

5. 3 menos cuarto

6. 7 y cuarto

7. Carla salió hacia la escuela a las 8:15. Salió de la escuela a las 2:45. Si llegó a la escuela a las 8:45, ¿cuántas horas estuvo en la escuela?

¡El día pasó volando!

_______ horas

Comprobación del vocabulario 

8. Encierra en un círculo el reloj que muestra un ejemplo de cuarto de hora.

Las mates en casa Pida a su niño o niña que use las palabras *menos cuarto* y *y cuarto* para describir la hora a las 6:15 y las 6:45.

Nombre ....

Intervalos de cinco minutos

Lección 5

PREGUNTA IMPORTANTE
¿Cómo uso y digo la hora?

Explorar y explicar

Ajusten por favor sus cinturones de seguridad. ¡Este avión saldrá en 5 minutos!

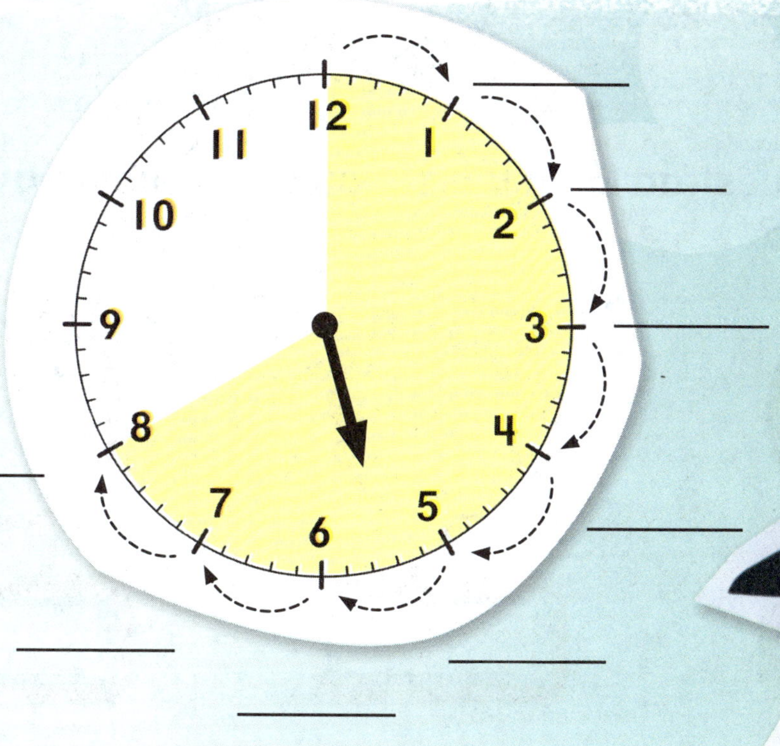

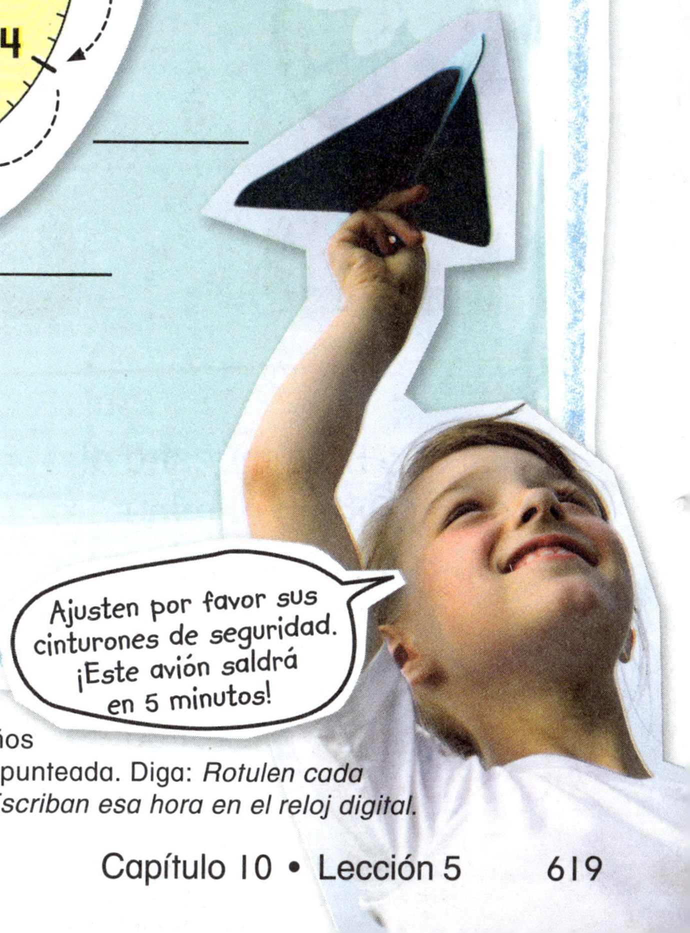

Instrucciones para el maestro: Pida a los niños que cuenten de 5 en 5 mientras trazan la línea punteada. Diga: *Rotulen cada salto 5, 10, 15, etcétera. Dibujen el minutero. Escriban esa hora en el reloj digital.*

Ver y mostrar

El minutero se demora 5 minutos en moverse hasta el siguiente número. Puedes contar de 5 en 5 para decir la hora.

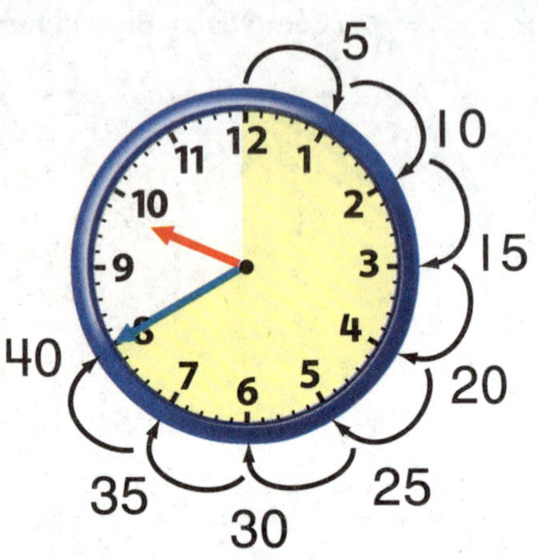

El reloj muestra 40 después de las 9 en punto.
Escribe la hora de otra manera.

Di qué hora muestran los relojes. Usa un reloj como ayuda. Escribe la hora.

1.

2.

3.

4. Di qué hora muestra el reloj. Dibuja el minutero para mostrar la hora.

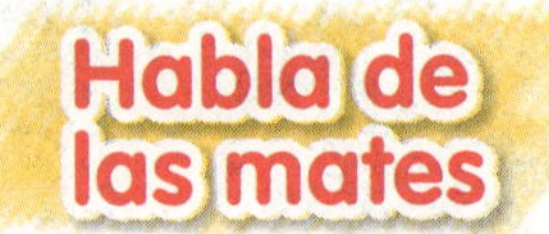

Explica cómo cuentas de 5 en 5 para decir la hora.

CCSS

Nombre

Por mi cuenta

Di qué hora muestran los relojes. Usa un [reloj] como ayuda. Escribe la hora.

5.

6.

7.

Di qué hora muestran los relojes. Dibuja las manecillas para mostrar la hora.

8.

9.

10.

11. 2:20

12. 8:45

13. 1:25

Resolución de problemas

14. Si la manecilla horaria está cerca del 11 y el minutero señala el 10, ¿qué hora es?

____

15. Un grupo de personas sube cada 5 minutos a una de las atracciones del parque de diversiones. Ahora son las 3:00. Hay 7 grupos delante de Alicia y su familia. ¿A qué hora podrán subir Alicia y su familia?

16. La presentación de los avances de cine demora 20 minutos. Los avances empiezan a las 7 en punto. ¿A qué hora comenzará la película?

Las mates en palabras

¿Qué hora es cuando la manecilla horaria está entre el 5 y el 6 y el minutero está en el 7? Explica tu respuesta.

____

____

____

Nombre

Mi tarea

Lección 5
Intervalos de cinco minutos

Asistente de tareas

Ayuda en línea ¿Necesitas ayuda? connectED.mcgraw-hill.com

El minutero se demora 5 minutos en moverse hasta el siguiente número. Cuenta de 5 en 5 para decir la hora.

Este reloj muestra 35 minutos después de las 4 en punto.

La hora se muestra de otra manera.

Práctica

Lee la hora. Escribe la hora.

1.

2.

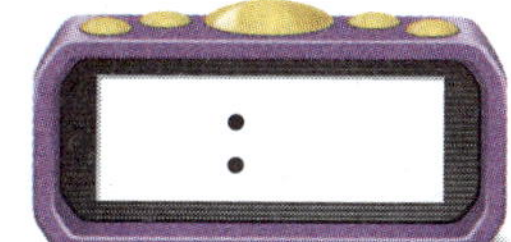

3.

Di qué hora muestran los relojes. Dibuja las manecillas para mostrar la hora.

4. 

5. 

6. 

7. Es la 1:00. Hunter está esperando a Beny. Beny dijo que se encontraría con Hunter en 25 minutos, pero llegó 5 minutos tarde. ¿A qué hora se encuentra Beny con Hunter?

Práctica para la prueba

8. Un tren sale a las 10:40. ¿Cuál reloj muestra 10:40?

Las mates en casa Pida a su niño o niña que mire la hora en un reloj analógico. Pídale que le diga qué hora será en 5 minutos, 10 minutos, 25 minutos y 50 minutos.

Nombre

a. m. y p. m.

Lección 6

PREGUNTA IMPORTANTE
¿Cómo uso y digo la hora?

Explorar y explicar

Instrucciones para el maestro: Diga a los niños: *Piensen en cosas que hacen durante el día y en la noche. Hagan dibujos de las actividades en el lado correcto de la página.*

Ver y mostrar

Pista
12:00 p. m. es mediodía.
12:00 a. m. es medianoche.

Las horas que van desde la medianoche hasta el mediodía se rotulan **a. m.**
Las horas que van desde el mediodía hasta la medianoche se rotulan **p. m.**

Ir a la escuela

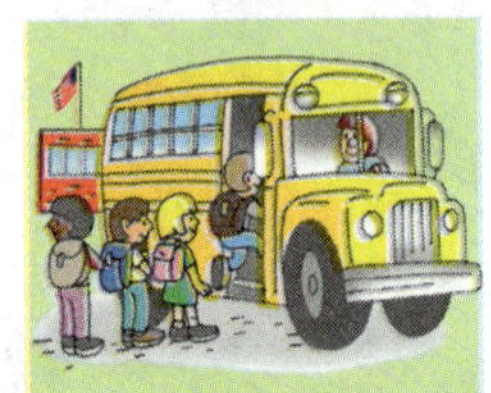

8:00 a. m.

Leer un cuento a la hora de dormir

8:00 p. m.

Di qué hora muestran los relojes en cada actividad. Escribe la hora. Encierra en un círculo a. m. o p. m.

1. Clase de arte

a. m.
p. m.

2. Acostarse

a. m.
p. m.

3. Jugar después de la escuela

a. m.
p. m.

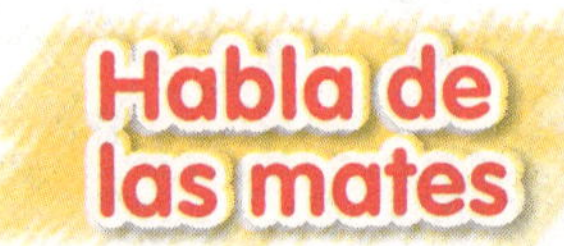

¿Cómo puedes recordar si es a. m. o p. m.?

Nombre

Por mi cuenta

Di qué hora muestran los relojes en cada actividad. Escribe la hora. Encierra en un círculo a. m. o p. m.

4. Desayunar

a. m.
p. m.

5. Bañar el perro

a. m.
p. m.

6. Ir a nadar

a. m.
p. m.

Di qué hora muestran los relojes en cada actividad. Dibuja las manecillas en los relojes para mostrar la hora. Encierra en un círculo a. m. o p. m.

7. Entrenamiento de fútbol

a. m.
p. m.

8. Dormir

a. m.
p. m.

9. Cenar

a. m.
p. m.

Completa las oraciones. Escribe *medianoche* o *mediodía*.

medianoche **mediodía**

10. A ______________, generalmente estoy dormido.

11. A ______________, puedo estar almorzando.

Resolución de problemas

12. José tiene entrenamiento de lacrosse a las 4:00. ¿Sería probable que fuera a las 4:00 a. m. o a las 4:00 p. m.?

____

13. Son las 2:25. Lakota va a ir a la biblioteca en 1 hora. Muestra en el reloj la hora en que irá a la biblioteca. Encierra en un círculo a. m. o p. m.

a. m. p. m.

14. Son las 3:00 a. m. ¿Es más probable que estés de regreso a casa de la escuela o durmiendo en tu cama?

____

Las mates en palabras

Cristina quiere ir a la fiesta de su amiga Jill. La invitación dice que la fiesta comenzará a la 1:30 a. m. Esto es incorrecto. ¿Qué error se cometió en la invitación?

____

____

____

Nombre

Mi tarea

Lección 6
a. m. y p. m.

Asistente de tareas

¿Necesitas ayuda? connectED.mcgraw-hill.com

Las horas que van desde la medianoche hasta el mediodía se rotulan a. m. Las horas que van desde el mediodía hasta la medianoche se rotulan p. m.

Pista
12:00 p. m. es mediodía.
12:00 a. m. es medianoche.

Despertarse

9:00 a. m.

Observar la luna

9:00 p. m.

Di qué hora muestran los relojes en cada actividad. Escribe la hora. Encierra en un círculo a. m. o p. m.

1. Ir al parque

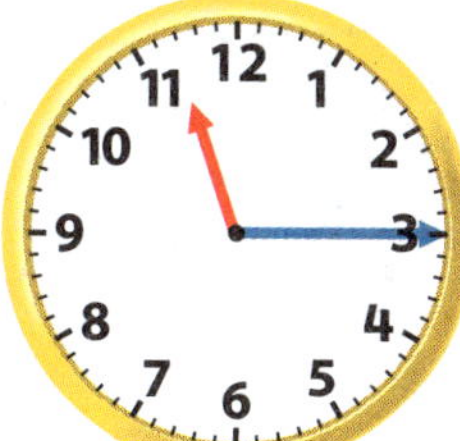

a. m.
p. m.

2. Ir a jugar bolos

a. m.
p. m.

3. Tender tu cama

a. m.
p. m.

Di qué hora muestran los relojes en cada actividad. Dibuja las manecillas en los relojes. Encierra en un círculo a. m. o p. m.

4. Canto del gallo

a. m.
p. m.

5. Hacer volar un papalote

a. m.
p. m.

6. Ir de compras

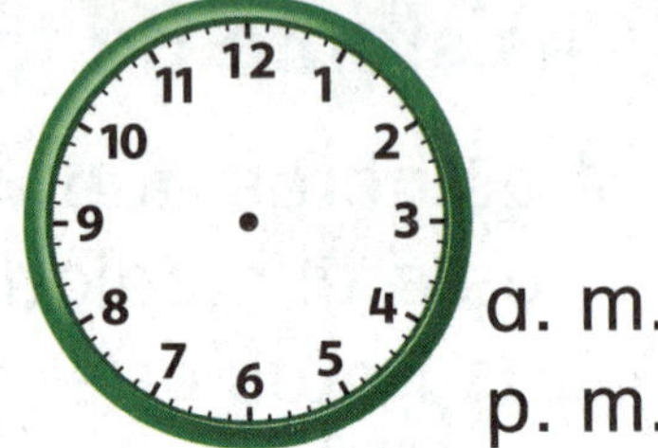

a. m.
p. m.

7. Jaime y Mike fueron a la feria del condado con los papás de Mike. Llegaron allí a las 10:00 a. m. y se quedaron 4 horas y media. ¿Era a. m. o p. m. cuando regresaron a casa? ___________

Comprobación del vocabulario

Vocabulario

Completa las oraciones.

a. m. **p. m.**

8. Carlos tiene lección de arte a las 4:30 ___________.

9. Sam cena a las 5:30 ___________.

10. Clara desayuna a las 6:00 ___________.

Las mates en casa Varias veces durante las siguientes 24 horas, pregunte a su niño o niña qué hora es y si es a. m. o p. m.

Nombre ....

Mi repaso

Capítulo 10
La hora

Comprobación del vocabulario

Completa las oraciones.

manecilla horaria	**media hora**	**cuarto de hora**	**minutero**
a. m.	**p. m.**	**digital**	**analógico**

1. La manecilla larga en un reloj analógico es el ____________.

2. La manecilla corta en un reloj analógico es la ________________.

3. 15 minutos es un ________________.

4. 30 minutos es ______________.

5. Un reloj que usa manecillas para mostrar la hora es un reloj ____________.

6. Un reloj que solo usa números para mostrar la hora es un reloj ________.

7. Las horas que van desde el mediodía hasta la medianoche son ________.

8. Las horas que van desde la medianoche hasta el mediodía son ________.

Comprobación del concepto

Lee la hora. Escribe la hora.

9.

10.

11.

Di qué hora muestran los relojes. Dibuja las manecillas en cada reloj.

12.

13.

14.

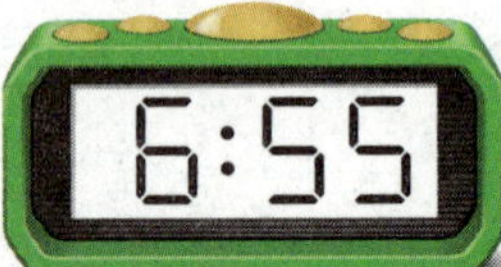

Encierra en un círculo la mejor opción.

15.	Pasear al perro.	11:45	a. m.	p. m.
16.	Ir de excursión.	2:30	a. m.	p. m.
17.	Lavar los platos de la cena.	6:30	a. m.	p. m.

Nombre

Resolución de problemas

18. En un reloj, la manecilla horaria está entre el 2 y el 3. El minutero está en el 5. ¿Qué hora es? Muestra la hora en ambos relojes.

19. Son las 9:00. En 6 horas, Greg saldrá de la escuela. ¿Qué hora será en 6 horas? Encierra en un círculo a. m. o p. m.

__________ a. m. p. m.

20. Derek tiene entrenamiento de béisbol a las 2:30. Lucas tiene entrenamiento a las 4:15. Muestra la hora en los relojes. Escribe la hora y encierra en un círculo si sería a. m. o p. m.

Derek

__________ a. m. p. m.

Lucas

__________ a. m. p. m.

Práctica para la prueba

21. El barco recoge pasajeros cada media hora. Si el primer barco llega a las 8:00 a. m., ¿a qué hora llegará el cuarto barco?

12:00 p. m.	10:00 a. m.	9:30 a. m.	10:30 a. m.
○	○	○	○

Pienso

Capítulo 10

Respuesta a la pregunta importante

Muestra las maneras de escribir y usar la hora.

Dibuja las manecillas para mostrar la hora.

Digital

Analógico

Escribe la hora.

PREGUNTA IMPORTANTE

¿Cómo uso y digo la hora?

Cuenta de 5 en 5. Di la hora.

Contar de 5 en 5.

La hora es ________.

Dibuja las manecillas. Escribe la hora.

5 y cuarto

5 y media

¡Aprobarás todo!

Longitudes en los sistemas usual y métrico

PREGUNTA IMPORTANTE

¿Cómo puedo medir objetos?

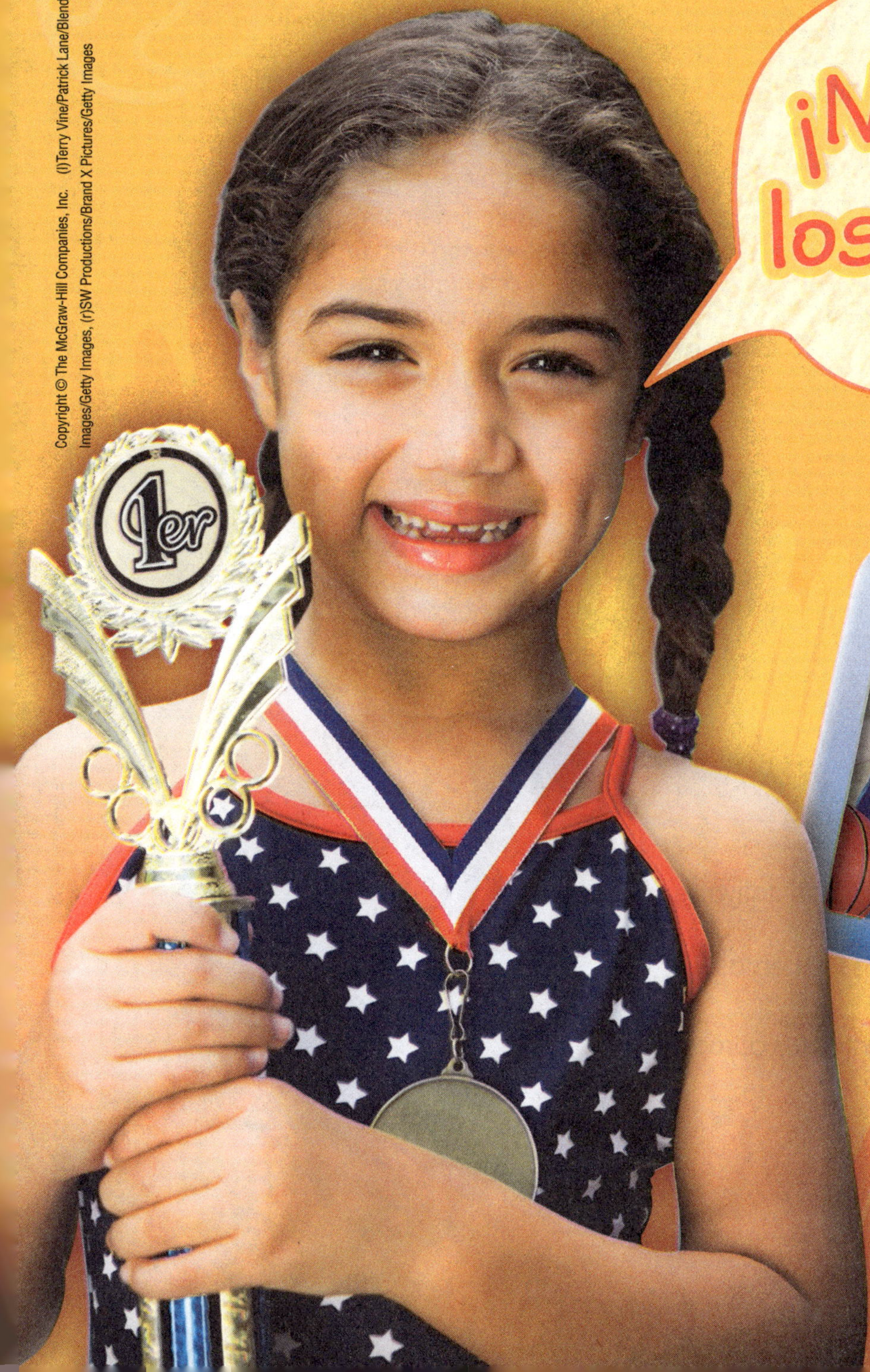

¡Me encantan los deportes!

¡Mira el video!

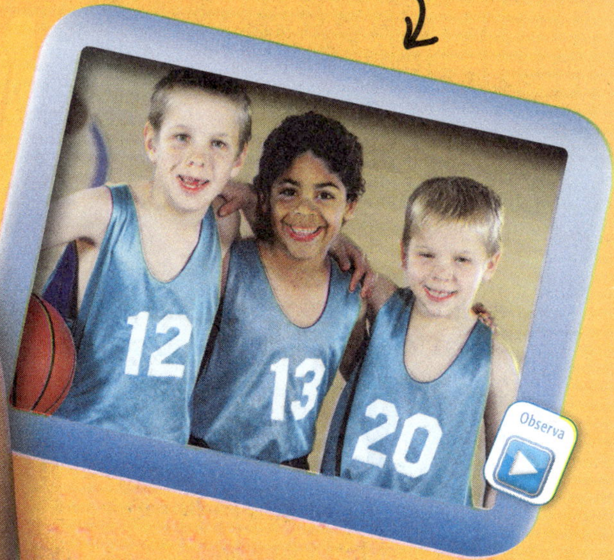

Mis estándares estatales

Medición y datos

2.MD.1 Medir la longitud de un objeto, y elegir y usar los instrumentos adecuados para hacerlo, como reglas de una yarda, reglas de un metro, otras reglas y cintas de medir.

2.MD.2 Medir dos veces la longitud de un objeto, usando cada vez una unidad de longitud de diferente tamaño; describir la relación entre las dos medidas y el tamaño de la unidad elegida.

2.MD.3 Estimar longitudes en pulgadas, pies, centímetros y metros.

2.MD.4 Medir para determinar cuánto más largo es un objeto que otro, y expresar la diferencia de longitud en una unidad estándar de longitud.

2.MD.5 Aplicar la suma y la resta hasta el 100 para resolver problemas contextualizados que involucren longitudes expresadas en las mismas unidades (por ejemplo, usando dibujos de reglas y ecuaciones con un símbolo en el lugar del número desconocido para representar el problema).

2.MD.6 Representar números naturales como longitudes desde 0 en un diagrama de recta numérica con puntos equidistantes que correspondan a los números 0, 1, 2, etc., y representar sumas y diferencias de números naturales hasta el 100 en un diagrama de recta numérica.

2.MD.9 Generar datos de mediciones midiendo longitudes de varios objetos y redondeándolas a la unidad más cercana, o haciendo mediciones repetidas del mismo objeto. Mostrar las medidas en un diagrama lineal cuya escala horizontal esté marcada con números naturales.

1. Entender los problemas y perseverar en la búsqueda de una solución.
2. Razonar de manera abstracta y cuantitativa.
3. Construir argumentos viables y hacer un análisis del razonamiento de los demás.
4. Representar con matemáticas.
5. Usar estratégicamente las herramientas apropiadas.
6. Prestar atención a la precisión.
7. Buscar una estructura y usarla.
8. Buscar y expresar regularidad en el razonamiento repetido.

= Se trabaja en este capítulo.

Nombre

Antes de seguir...

← Conéctate para hacer la prueba de preparación.

Suma o resta.

1. $\begin{array}{r} 34 \\ +18 \\ \hline \end{array}$

2. $\begin{array}{r} 26 \\ -17 \\ \hline \end{array}$

3. $\begin{array}{r} 38 \\ +36 \\ \hline \end{array}$

Mide en cubos la longitud de los objetos.

4. 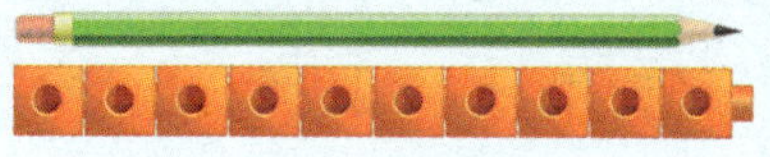

_______ cubos

5. 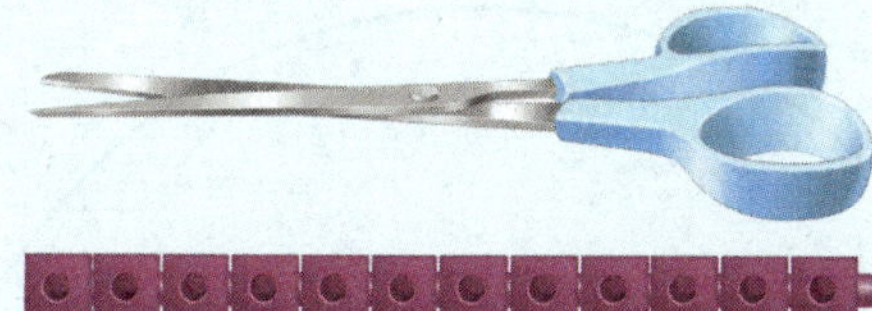

_______ cubos

6. La mano de Neil mide 5 cubos de largo. Neil mide este tablero de ajedrez. Mide 3 manos de largo. ¿Cuántos cubos de largo mide el tablero de ajedrez?

_______ cubos

Sombrea las casillas para mostrar los problemas que respondiste correctamente.

1	2	3	4	5	6

Nombre ....

Las palabras de mis mates

Repaso del vocabulario

comparar   el más corto   el más largo

Halla tres objetos del salón de clases. Haz una lista. Compara sus longitudes. Escribe el objeto más largo. Escribe el objeto más corto.

_______________ _______________ _______________

El más largo

El más corto

¿Cómo comparaste tus objetos?

____

____

____

Mis tarjetas de vocabulario

PRÁCTICAS matemáticas

Lección 11-7

centímetro (cm)

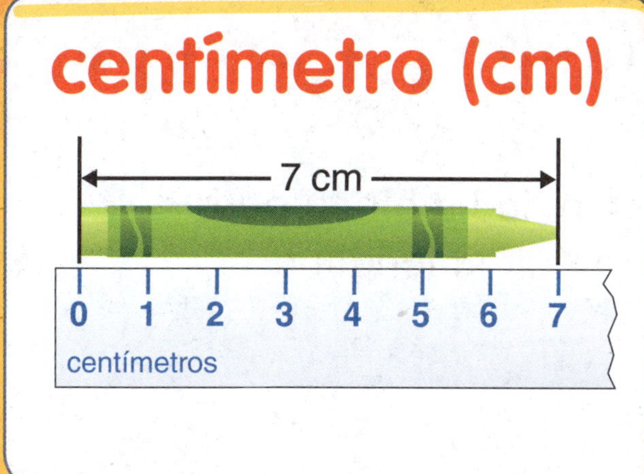

Lección 11-1

estimar

aproximadamente 12 pulgadas

Lección 11-1

longitud

Lección 11-1

medir

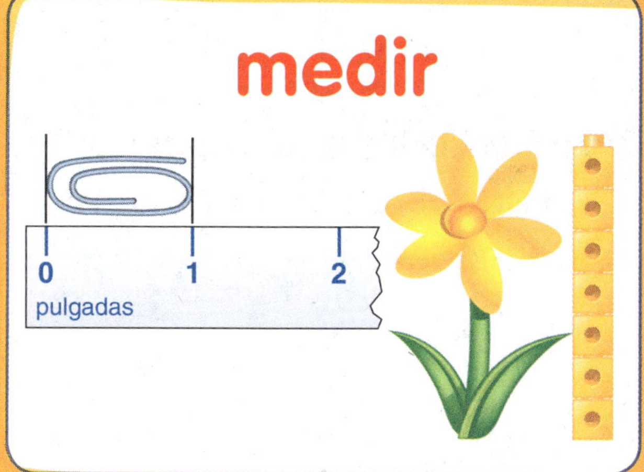

Lección 11-7

metro (m)

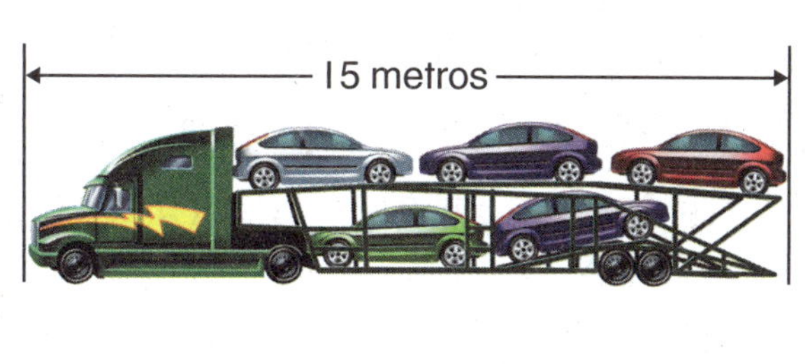

Lección 11-2

pie

1 pie

Instrucciones para el maestro: Sugerencias

- Pida a los estudiantes que formen grupos de 2 o 3 palabras comunes. Dígales que agreguen una palabra que no esté relacionada con el grupo y que le pidan a un compañero o una compañera que nombre la palabra que no se relaciona.
- Pida a los estudiantes que encuentren imágenes que representen cada palabra. Dígales que le pidan a un compañero o una compañera que adivine cuál palabra representa la imagen.

Hallar un número cercano a la cantidad exacta.

Unidad métrica para medir la longitud.

Hallar la longitud usando unidades estándares o no estándares.

El largo de algo o lo lejos que está.

Unidad usual para medir la longitud. El plural es pies.
1 pie = 12 pulgadas

Unidad métrica usada para medir la longitud.
1 metro = 100 centímetros

Mis tarjetas de vocabulario

PRÁCTICAS matemáticas

Lección 11-1

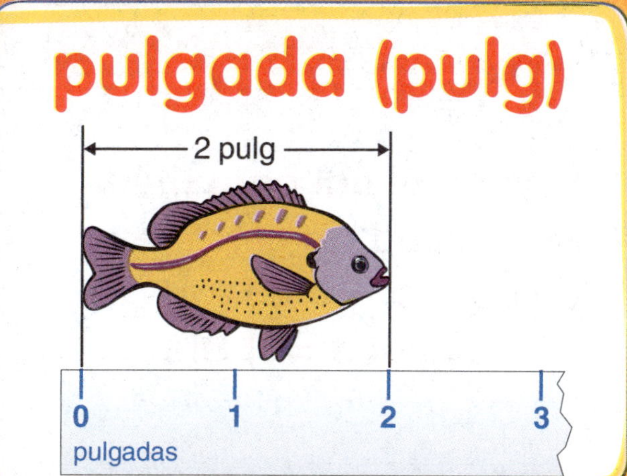

Lección 11-2

Instrucciones para el maestro: Más sugerencias

- Pida a los estudiantes que usen una tarjeta en blanco para escribir la pregunta importante de este capítulo. Pídales que usen el reverso de la tarjeta para escribir o dibujar ejemplos que los ayuden a responder la pregunta.
- Pida a los estudiantes que usen las tarjetas en blanco para escribir algunas de las unidades de medida que aprendieron en este capítulo. Pídales que escriban en el reverso de las tarjetas ejemplos de diferentes objetos que puedan medir con cada unidad.

Unidad usual para medir la longitud.
1 yarda = 3 pies o 36 pulgadas

Unidad usual para medir la longitud. El plural es pulgadas.
12 pulgadas = 1 pie

FOLDABLES® Sigue los pasos que aparecen en el reverso para hacer tu modelo de papel.

estimar

pulgadas
yardas

estimar

centímetros
metros

metros
centímetros

estimar

pulgadas
pies

estimar

FOLDABLES
Ayudas de estudio

Nombre ....

Pulgadas

Lección 1

PREGUNTA IMPORTANTE
¿Cómo puedo medir objetos?

Explorar y explicar

¡Quédate quieta ahí arriba!

0 1 2 3
pulgadas

_____ pulgadas

_____ pulgadas

_____ pulgadas

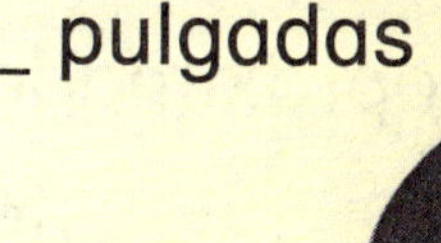

_____ pulgadas

Instrucciones para el maestro: Pida a los niños que coloquen una ficha de color sobre la regla. Diga: *Alineen la ficha con el 0. La ficha de color mide una pulgada de largo. Usen fichas de colores para medir la longitud de los objetos de la página. Escriban las longitudes en pulgadas.*

Ver y mostrar

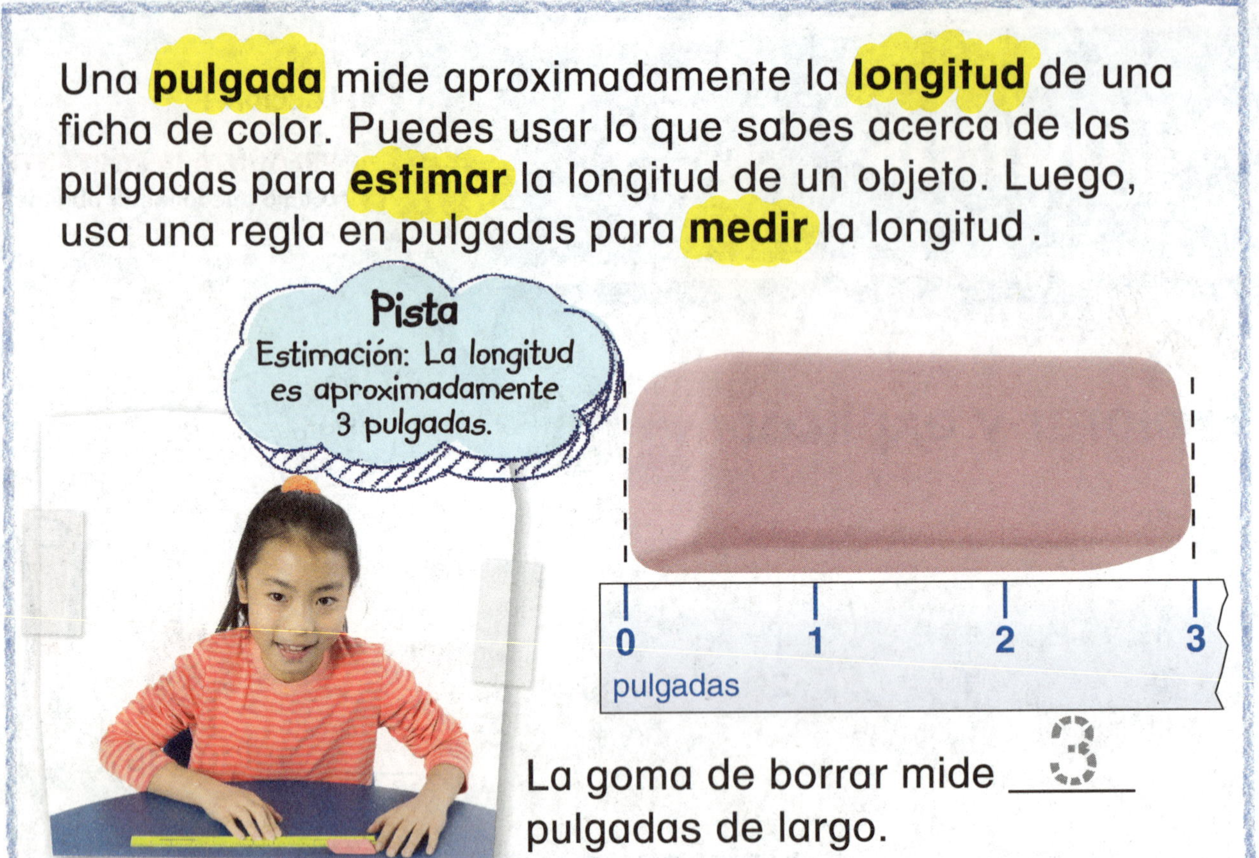

Una **pulgada** mide aproximadamente la **longitud** de una ficha de color. Puedes usar lo que sabes acerca de las pulgadas para **estimar** la longitud de un objeto. Luego, usa una regla en pulgadas para **medir** la longitud.

La goma de borrar mide 3 pulgadas de largo.

Encuentra los objetos. Estima la longitud.
Mide los objetos en pulgadas.

Objeto	Estimación	Medida
1. TIZA 12	aproximadamente ______ pulgadas	aproximadamente ______ pulgadas
2.	aproximadamente ______ pulgadas	aproximadamente ______ pulgadas

¿Cómo usas una regla para medir en pulgadas?

CCSS

Nombre

Por mi cuenta

Encuentra los objetos. Estima la longitud.
Mide los objetos en pulgadas.

Objeto	Estimación	Medida
3.	aproximadamente ______ pulgadas	aproximadamente ______ pulgadas
4.	aproximadamente ______ pulgadas	aproximadamente ______ pulgadas
5.	aproximadamente ______ pulgadas	aproximadamente ______ pulgadas
6.	aproximadamente ______ pulgadas	aproximadamente ______ pulgadas
7.	aproximadamente ______ pulgadas	aproximadamente ______ pulgadas

Resolución de problemas

8. La tabla de surf de Carol debe medir al menos 15 pulgadas más de largo que 48 pulgadas. ¿Debería escoger Carol una tabla de surf de 55 pulgadas de largo o una de 65 pulgadas de largo?

   _______ pulgadas de largo

¡Que viva el surf!

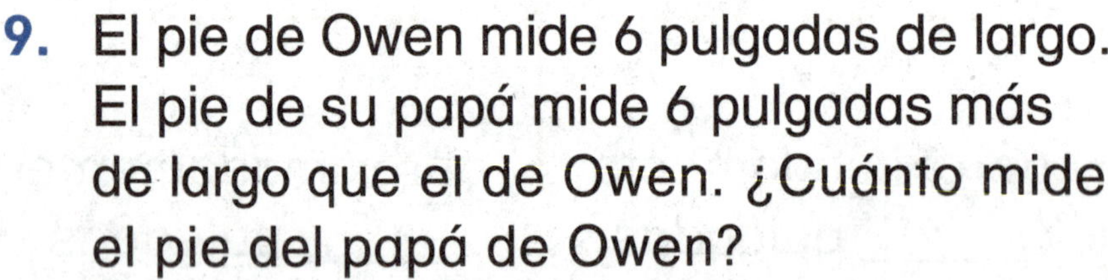

9. El pie de Owen mide 6 pulgadas de largo. El pie de su papá mide 6 pulgadas más de largo que el de Owen. ¿Cuánto mide el pie del papá de Owen?

   _______ pulgadas

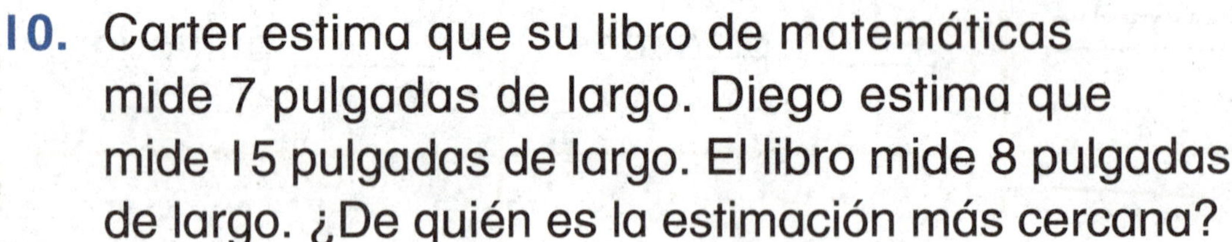

10. Carter estima que su libro de matemáticas mide 7 pulgadas de largo. Diego estima que mide 15 pulgadas de largo. El libro mide 8 pulgadas de largo. ¿De quién es la estimación más cercana?

¿En qué se diferencia una estimación de la medida real?

____

____

____

Nombre ....

Mi tarea

Lección 1
Pulgadas

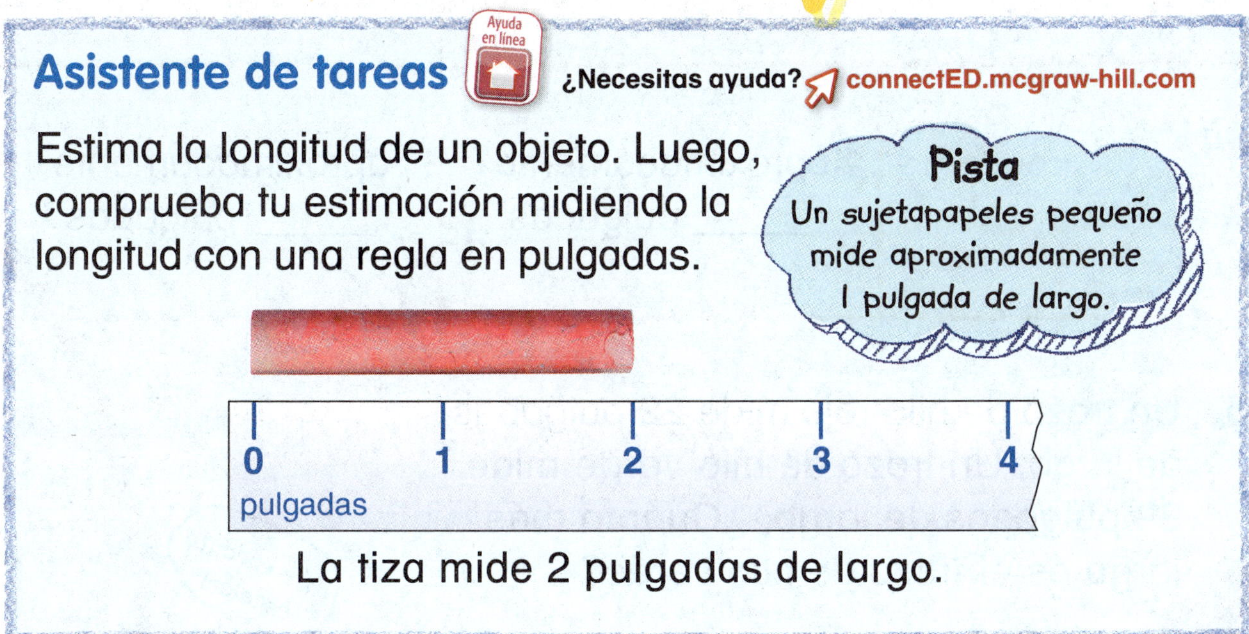

Asistente de tareas

¿Necesitas ayuda? connectED.mcgraw-hill.com

Estima la longitud de un objeto. Luego, comprueba tu estimación midiendo la longitud con una regla en pulgadas.

La tiza mide 2 pulgadas de largo.

Práctica

Encuentra los objetos. Estima la longitud.
Mide los objetos en pulgadas.

Objeto	Estimación	Medida
1.	aproximadamente ______ pulgadas	aproximadamente ______ pulgadas
2.	aproximadamente ______ pulgadas	aproximadamente ______ pulgadas

Encuentra dos objetos. Dibújalos. Estima la longitud. Mide los objetos en pulgadas.

Objeto	Estimación	Medida
3.	aproximadamente ______ pulgadas	aproximadamente ______ pulgadas
4.	aproximadamente ______ pulgadas	aproximadamente ______ pulgadas

5. Un trozo de hilo rojo mide 22 pulgadas de largo. Un trozo de hilo verde mide 34 pulgadas de largo. ¿Cuánto más largo es el trozo de hilo verde?

______ pulgadas

Comprobación del vocabulario

Encierra en un círculo la respuesta correcta.

estimar **pulgada** **medir** **longitud**

6. Una ______ es una unidad para medir la longitud.

Las mates en casa Pida a su niño o niña que mida la longitud de un tenedor y de una cuchara con una regla en pulgadas.

Nombre ....

Medición y datos
2.MD.1, 2.MD.3, 2.MD.5
CCSS

Pies y yardas

Lección 2

PREGUNTA IMPORTANTE
¿Cómo puedo medir objetos?

Explorar y explicar

Instrucciones para el maestro: Pida a los niños que comenten acerca de los objetos de la imagen. Diga: *Encierren en un círculo los objetos que se podrían medir con una regla en pulgadas. Tracen una X sobre los objetos que son demasiado grandes para medirse con una regla en pulgadas.*

Ver y mostrar

Puedes medir en pies o en yardas. Un **pie** es igual a 12 pulgadas. Una **yarda** es igual a 36 pulgadas. La longitud se puede medir en cualquier dirección.

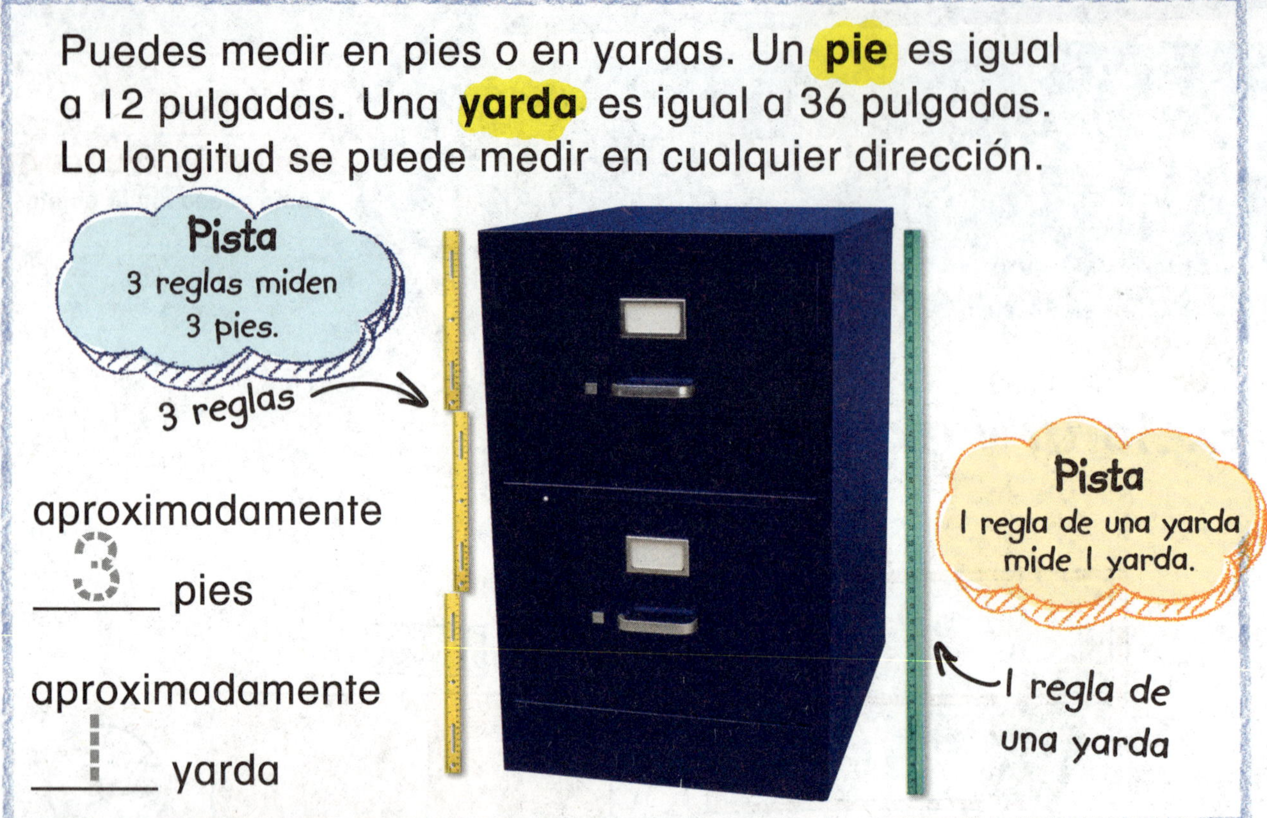

Encuentra los objetos. Estima la longitud.
Mide los objetos en pies o en yardas.

Objeto	Estimación	Medida
1.	aproximadamente ______ pies	aproximadamente ______ pies
2.	aproximadamente ______ yardas	aproximadamente ______ yardas

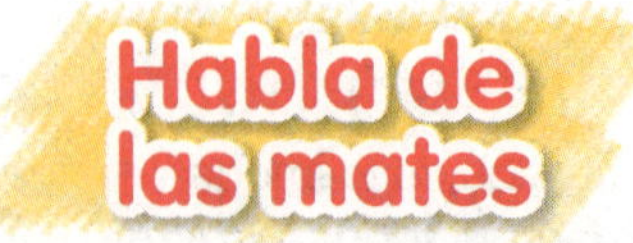

¿Cómo puedes medir un objeto grande con una regla?

Nombre ....

CCSS

Por mi cuenta

Encuentra los objetos. Estima la longitud. Mide los objetos en pies o en yardas.

Objeto	Estimación	Medida
3.	aproximadamente ______ pies	aproximadamente ______ pies
4. SEPTIEMBRE	aproximadamente ______ pies	aproximadamente ______ pies
5.	aproximadamente ______ pies	aproximadamente ______ pies
6.	aproximadamente ______ pies	aproximadamente ______ pies
7. SALVA LA TIERRA	aproximadamente ______ yardas	aproximadamente ______ yardas

Resolución de problemas

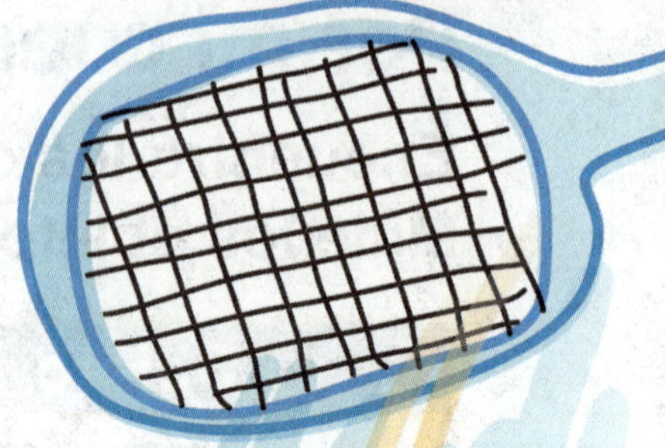

8. La longitud de la raqueta de Sidney mide 2 reglas de largo. ¿Cuántos pies de largo mide la raqueta de Sidney?

_______ pies

9. Gabriella mide 2 pulgadas más que una yarda. ¿Cuál es la estatura de Gabriella en pulgadas?

_______ pulgadas

10. La piscina del parque mide 18 pies de ancho. ¿Cuántas reglas de una yarda se necesitarían para medir el ancho de la piscina?

_______ reglas de una yarda

Problema S.O.S. José usó 10 reglas de una yarda para medir la longitud de su sótano. ¿Cuántas reglas habrá usado? Explica tu respuesta.

____

____

____

Nombre ....

Mi tarea

Lección 2
Pies y yardas

Asistente de tareas

¿Necesitas ayuda? connectED.mcgraw-hill.com

Un pie es igual a 12 pulgadas. Una yarda es igual a 36 pulgadas. Una regla mide 1 pie de largo. Una regla de una yarda mide 1 yarda de largo.

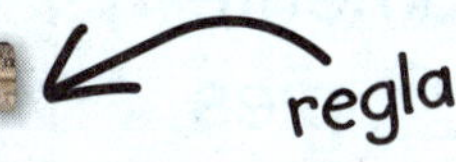

regla

regla de una yarda

Práctica

Encuentra los objetos. Estima la longitud. Mide los objetos en pies o en yardas.

Objeto	Estimación	Medida
1.	aproximadamente _______ pies	aproximadamente _______ pies
2.	aproximadamente _______ yardas	aproximadamente _______ yardas

Encuentra los objetos. Estima la longitud. Mide los objetos en pies o en yardas.

Objeto	Estimación	Medida
3.	aproximadamente ________ yardas	aproximadamente ________ yardas
4.	aproximadamente ____________ pie	aproximadamente ____________ pie
5.	aproximadamente ___________ pies	aproximadamente ___________ pies

6. La acera mide 96 pulgadas de largo desde la casa de Amelia hasta la entrada. ¿Cuántos pies de largo mide la acera?

_____ pies

¡Carrera en la acera!

Comprobación del vocabulario

Vocabulario

Encierra en un círculo la respuesta correcta.

7. **pie**

3 yardas   12 pulgadas   36 pulgadas   1 yarda

Las mates en casa Pida a su niño o niña que mida su cuarto usando una regla de una yarda o una regla.

Nombre ....

Elegir y usar instrumentos en el sistema usual

Lección 3

PREGUNTA IMPORTANTE
¿Cómo puedo medir objetos?

Explorar y explicar

1.

2.

3.

Instrucciones para el maestro: Diga a los niños: *Dibujen en la casilla 1 un objeto que medirían con una regla en pulgadas. Dibujen en la casilla 2 un objeto que medirían con una regla de una yarda. Dibujen en la casilla 3 un objeto que medirían con una cinta de medir. Expliquen sus dibujos.*

Ver y mostrar

PRÁCTICAS matemáticas

Puedes elegir y usar instrumentos para medir la longitud. Encierra en un círculo el instrumento que usarías para medir un marcador.

Pista
Mide los objetos de menos de un pie con una regla en pulgadas; los objetos de más de un pie con una regla de una yarda y los objetos de más de 3 pies con una cinta de medir.

regla en pulgadas

regla de una yarda

cinta de medir

marcador

Encuentra los objetos. Elige el instrumento y mídelo. Explica por qué elegiste ese instrumento.

Objeto	Instrumento	Medida
1.	_______________	aproximadamente ___________
2.	_______________	aproximadamente ___________
3.	_______________	aproximadamente ___________

Habla de las mates ¿Cómo sabes qué instrumento usar para medir?

Nombre ....

Por mi cuenta

Encuentra los objetos. Elige el instrumento y mídelo. Explica por qué elegiste ese instrumento.

Objeto	Instrumento	Medida
4.	________	aproximadamente ________
5.	________	aproximadamente ________
6.	________	aproximadamente ________
7.	________	aproximadamente ________
8.	________	aproximadamente ________
9.	________	aproximadamente ________

Resolución de problemas

PRÁCTICAS matemáticas

10. Víctor mide la longitud de su bicicleta con una regla de una yarda. Dice que mide una regla de una yarda de largo. ¿Cuántas pulgadas mide de largo?

_______ pulgadas

11. Edgar midió su pie con una regla de una yarda. ¿Qué otro instrumento habría sido una mejor elección?

____

12. Ada midió su patio con una regla. Carlos midió su patio con una regla de una yarda. ¿Qué otro instrumento habría sido una mejor elección?

____

Problema S.O.S. Ómar colocó 6 reglas de una yarda de extremo a extremo para medir la entrada de su casa. Dijo que medía 6 pies de largo. Di cuál es el error de Ómar. Corrígelo.

____

____

____

Nombre ....

Mi tarea

Lección 3

Elegir y usar instrumentos en el sistema usual

Asistente de tareas

¿Necesitas ayuda? connectED.mcgraw-hill.com

Puedes elegir y usar instrumentos para medir la longitud.

cinta de medir

Pista

Mide los objetos de menos de un pie con una regla en pulgadas, los objetos de más de un pie con una regla de una yarda y los objetos de más de 3 pies con una cinta de medir.

Práctica

Encuentra los objetos.
Elige el instrumento y mídelo.

Objeto	Instrumento	Medida
1.	__________	aproximadamente ________
2.	__________	aproximadamente ________

Encuentra los objetos. Elige el instrumento y mídelo.

Objeto	Instrumento	Medida
3.	__________	aproximadamente _______
4.	__________	aproximadamente _______
5.	__________	aproximadamente _______

6. Hay 36 pulgadas en 3 pies.
¿Cuántas pulgadas hay en 6 pies?

Me gustaría tener 3 pies. ¡Andaría más rápido!

_____ pulgadas

Práctica para la prueba

7. Cuatro pies son iguales a _____ pulgadas.

12	24	36	48
○	○	○	○

Las mates en casa Pida a su niño o niña que mida el ancho de su cuarto usando una regla, una regla de una yarda y una cinta de medir. Comenten acerca de cuál instrumento es la mejor opción.

Nombre ....

Compruebo mi progreso

Comprobación del vocabulario

Traza una línea para relacionar la palabra con la oración correcta.

1. **longitud**	Hallar un número cercano a la cantidad exacta.
2. **pulgada**	Distancia de extremo a extremo.
3. **estimar**	Unidad usual para medir la longitud.

Comprobación del concepto

Encuentra los objetos. Estima la longitud. Mide los objetos.

Objeto	Estimación	Medida
4.	aproximadamente _______ pulgadas	aproximadamente _______ pulgadas
5.	aproximadamente ___________ pies	aproximadamente ___________ pies
6.	aproximadamente _________ yardas	aproximadamente _________ yardas

Encuentra los objetos. Elige el instrumento y mídelo.

Objeto	Herramienta	Medida
7.	________	aproximadamente ________
8. Hora del almuerzo	________	aproximadamente ________
9.	________	aproximadamente ________

10. James midió la cerca de su patio con una regla. Tenía 24 pies de largo. ¿Qué instrumento debería haber usado James para medir la cerca?

____

Práctica para la prueba

11. La entrada de la casa del Sr. Tom mide 7 yardas de largo. ¿Cuántos pies de largo mide la entrada de la casa del Sr. Tom?

7	14	21	28
○	○	○	○

Nombre ....

Comparar longitudes en el sistema usual

Lección 4

PREGUNTA IMPORTANTE
¿Cómo puedo medir objetos?

Explorar y explicar

Pista
Mide la longitud de arriba abajo para medir la altura.

Instrucciones para el maestro: Diga a los niños: *Encuentren dos objetos en el salón de clases. Comparen las longitudes. Dibujen los objetos. Expliquen cuál objeto es más corto y cuál objeto es más largo.*

Ver y mostrar

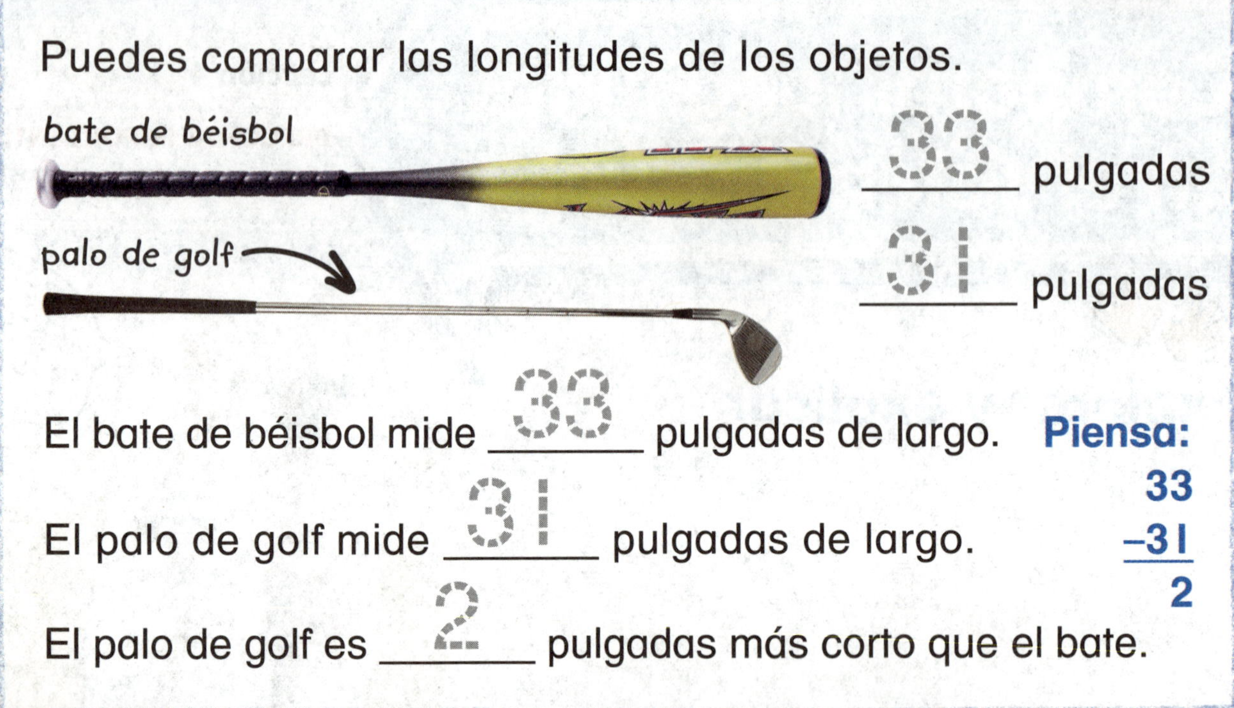

Puedes comparar las longitudes de los objetos.

33 pulgadas

31 pulgadas

El bate de béisbol mide 33 pulgadas de largo.

El palo de golf mide 31 pulgadas de largo.

El palo de golf es 2 pulgadas más corto que el bate.

Piensa:

$$\begin{array}{r} 33 \\ -31 \\ \hline 2 \end{array}$$

Encuentra los objetos. Mídelos. Escribe las longitudes. Escribe más largo o más corto.

1. CRAYÓN

_______ pulgadas _______ pulgadas

El lápiz es _______ pulgadas _______________.

2.

_______ pies _______ pies

El escritorio es _______ pies _______________.

¿Por qué necesitas saber cómo comparar longitudes?

Nombre ....

Por mi cuenta

Encuentra los objetos. Mídelos. Escribe las longitudes. Escribe más largo o más corto.

3.  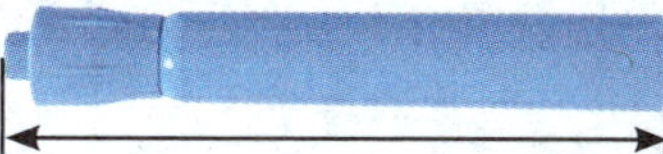

_______ pulgadas _______pulgadas

El sujetapapeles es _______ pulgadas _______________.

4.  

_______ pies _______ pies

El carro es _______ pies _______________.

5.  

_______ pulgadas _______ pulgadas

El zapato es _______ pulgadas _______________.

6.  

_______ yardas _______ yardas

La puerta es _______ yardas _______________.

PRÁCTICAS matemáticas

Resolución de problemas

7. El patio de recreo mide 90 yardas de largo. El campo cerca de mi casa mide 80 yardas de largo. ¿Cuánto más largo es el patio de recreo?

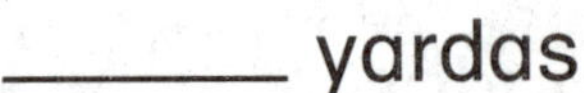 yardas

¡Disparo!

8. El palo de *hockey* azul mide 4 pies de largo. El palo de *hockey* rojo mide 6 pies de largo. ¿Cuánto más mide el palo rojo de *hockey*?

 pies

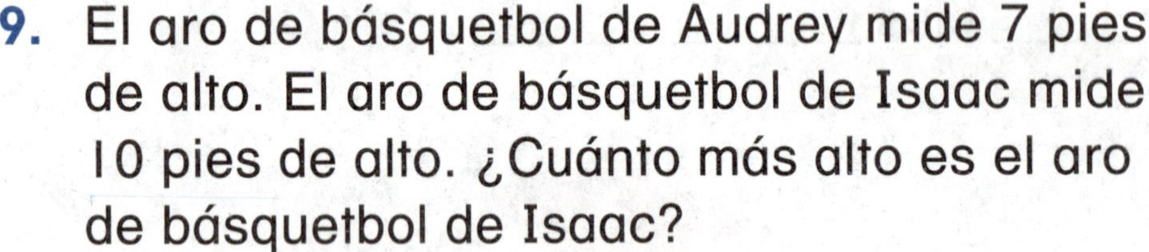

9. El aro de básquetbol de Audrey mide 7 pies de alto. El aro de básquetbol de Isaac mide 10 pies de alto. ¿Cuánto más alto es el aro de básquetbol de Isaac?

_____ pies

Problema S.O.S. Laura dice que su salón de clases mide 7 yardas de ancho. Austin dice que el salón mide 21 pies de ancho. Ambos estudiantes tienen la razón. Explica por qué.

___

___

___

Nombre ....

Mi tarea

Lección 4
Comparar longitudes en el sistema usual

Asistente de tareas

Ayuda en línea ¿Necesitas ayuda? connectED.mcgraw-hill.com

Puedes comparar las longitudes de los objetos.

La cuerda para saltar de color verde es 12 pulgadas más larga.

Práctica

Encuentra los objetos. Mídelos. Escribe las longitudes. Escribe más largo o más corto.

1.

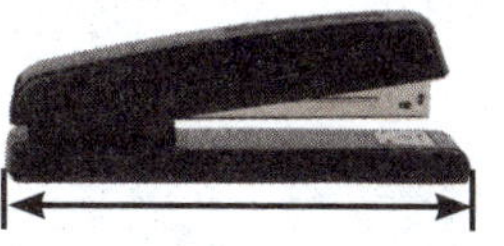

_______ pulgadas _______ pulgadas

El crayón es _______ pulgadas _____________.

2.

_______ pies _______ pies

La alfombra es _______ pies _____________.

Encuentra los objetos. Mídelos. Escribe las longitudes. Escribe más largo o más corto.

3. 

_______ pulgadas _______ pulgadas

El lápiz es _______ pulgadas _______________.

4.  

_______ pies _______ pies

La ventana es _______ pies _______________.

5. El salón de primer grado mide 27 pies de ancho.
El salón de segundo grado mide 24 pies de ancho.
¿Cuál salón es más ancho?

____

Práctica para la prueba

6. Dos yardas son iguales a _____ pies.

3	6	24	32
○	○	○	○ 

Las mates en casa Pida a su niño o niña que mida dos cuartos de su casa y compare las longitudes.

Nombre ....

Relacionar pulgadas, pies y yardas

Lección 5

PREGUNTA IMPORTANTE
¿Cómo puedo medir objetos?

Explorar y explicar

¡Toc! ¡Toc!

¿Quién está ahí?

_______ pulgadas o _______ pies

_______ pulgadas o _______ pies

_______ pulgadas o _______ pies

Instrucciones para el maestro: Pida a los niños que encuentren los objetos en el salón de clases. Diga: *Midan los objetos en pulgadas. Midan los objetos en pies. Comenten las medidas.*

Ver y mostrar

PRÁCTICAS matemáticas

¡Caramba! ¡Ahí vienen!

Puedes usar diferentes unidades de longitud para medir el mismo objeto.

48 pulgadas

El palo de *hockey* mide 48 pulgadas de largo.

Mide 4 pies de largo.

Encuentra los objetos. Mide la longitud de los objetos dos veces.

Objeto	Medida
1.	_____ pies _____ yardas
2.	_____ yardas _____ pies

Si en 1 pie hay 12 pulgadas y en 1 yarda hay 3 pies, ¿cuántas pulgadas hay en 1 yarda?

CCSS

Nombre ....

Por mi cuenta

Encuentra los objetos. Mide la longitud de los objetos dos veces.

Objeto	Medida
3.	_______ pies _______ pulgadas
4.	_______ pulgadas _______ pies
5.	_______ pies _______ yardas
6.	_______ yardas _______ pies
7.	_______ pies _______ yardas
8.	_______ pulgadas _______ pies

Resolución de problemas

9. La patineta de Santiago mide 3 pies de largo. La patineta de Sergio mide 38 pulgadas de largo. ¿De quién es la patineta más larga?

____

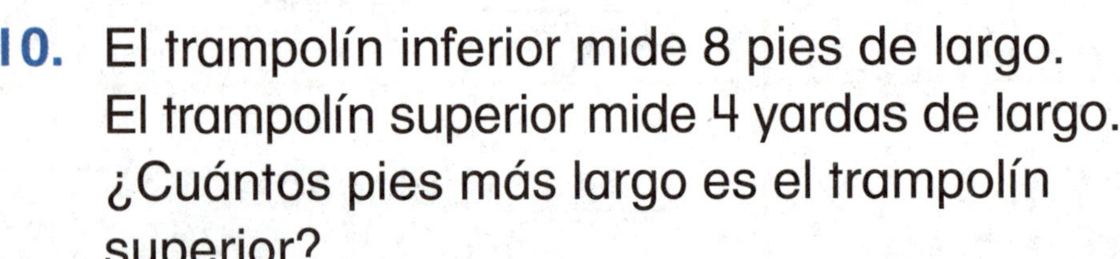

10. El trampolín inferior mide 8 pies de largo. El trampolín superior mide 4 yardas de largo. ¿Cuántos pies más largo es el trampolín superior?

_______________ pies

11. La bicicleta verde mide una yarda de largo. La bicicleta amarilla mide 38 pulgadas de largo. ¿Cuál bicicleta es más corta?

la bicicleta _______________

Explica cómo cambian las medidas de un objeto dependiendo de la unidad que uses para medir.

____

____

____

Nombre ....

Mi tarea

Lección 5
Relacionar pulgadas, pies y yardas

Asistente de tareas

¿Necesitas ayuda? connectED.mcgraw-hill.com

Puedes usar diferentes unidades de longitud para medir el mismo objeto.

La cuerda mide 21 pies de largo.

Mide 7 yardas de largo.

21 pies o 7 yardas

Práctica

Ecuentra los objetos. Mide la longitud de los objetos dos veces.

Objeto	Medida
1.	_______ pies _______ yardas
2.	_______ yardas _______ pies
3.	_______ pulgadas _______ pies

Encuentra los objetos. Mide la longitud de los objetos dos veces.

Objeto	Medida
4.	_______ pies _______ pulgadas
5.	_______ pies _______ yardas

6. El armario de Sam mide 4 pies de ancho. El armario de Tom mide 50 pulgadas de ancho. ¿Cuál armario es más ancho?

____

7. La cerca del patio de Laura mide 15 pies de largo. ¿Cuántas yardas de largo mide la cerca?

_______ yardas

Práctica para la prueba

8. 72 pulgadas son iguales a _____ yardas.

1	2	3	4
○	○	○	○

Las mates en casa Pida a su niño o niña que mida en pulgadas, pies y yardas un objeto de su casa. Comenten cómo se relaciona cada medida con el tamaño de la unidad.

Nombre ....

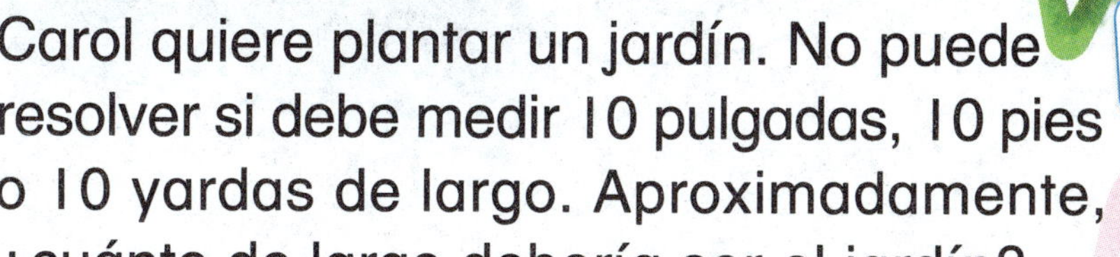

Resolución de problemas

ESTRATEGIA: Usar razonamiento lógico

Lección 6

PREGUNTA IMPORTANTE
¿Cómo puedo medir objetos?

Carol quiere plantar un jardín. No puede resolver si debe medir 10 pulgadas, 10 pies o 10 yardas de largo. Aproximadamente, ¿cuánto de largo debería ser el jardín?

1 Comprende

Subraya lo que sabes.
Encierra en un círculo lo que debes hallar.

2 Planea

¿Cómo resolveré el problema?

3 Resuelve

Voy a usar razonamiento lógico.

10 pulgadas es muy corto.

100 yardas es muy largo.

El jardín debería medir 10 pies de largo.

4 Comprueba

¿Es razonable mi respuesta?
¿Por qué?

Practica la estrategia

Javier está observando el trampolín superior de la piscina. ¿Mide el trampolín superior 10 pulgadas de alto, 10 pies de alto o 10 yardas de alto?

1 Comprende Subraya lo que sabes. Encierra en un círculo lo que debes hallar.

2 Planea ¿Cómo resolveré el problema?

3 Resuelve Voy a...

4 Comprueba ¿Es razonable mi respuesta? ¿Por qué?

Nombre ....

Aplica la estrategia

1. Sam plantó una planta de tomate que mide 1 pie de alto. La planta crece un poco cada semana. Después de 4 semanas, ¿medirá la planta 10 pulgadas o 14 pulgadas de alto?

_______ pulgadas

2. Jane hizo una cadena de papel de 1 yarda de largo. Brad hizo una cadena de papel de 2 pies de largo. ¿Quién hizo la cadena más larga?

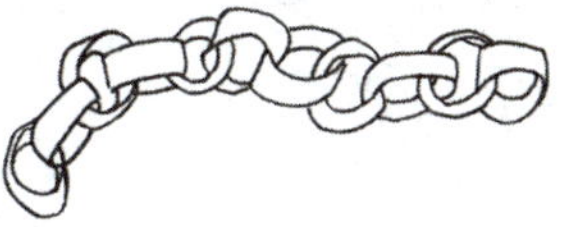

____

3. La clase del Sr. Moore está recolectando objetos para medir. Lisa encuentra una piña. ¿Medirá la piña 3 pulgadas, 3 pies o 3 yardas de largo?

____

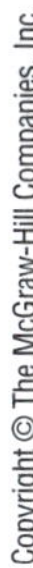

Repasa las estrategias

Escoge una estrategia

- Usar razonamiento lógico.
- Escribir un enunciado numérico.
- Hacer un modelo.

4. Samuel unió 6 marcadores. Cada marcador mide 5 pulgadas. ¿Cuánto miden de largo todos los marcadores?

_____ pulgadas

5. Jaime tiene un lápiz que medía 6 pulgadas de largo. Después de un mes, medía una pulgada de largo. ¿Cuántas pulgadas usó Jaime?

_____ pulgadas

6. Sara midió desde un extremo de la mesa de su cocina hasta la mitad. Medía 42 pulgadas de largo. Luego, midió desde la mitad hasta el otro extremo. Medía la misma longitud. ¿Cuánto mide de largo la mesa?

_____ pulgadas

Nombre ....

Mi tarea

Lección 6

Resolución de problemas: Usar razonamiento lógico

Ayuda en línea

Dave mide más de 40 pulgadas de estatura.
Mide menos de 43 pulgadas de estatura.
Su estatura es un número par.
¿Cuál es la estatura de Dave?

¡Papá dice que estoy creciendo tan rápido como una planta!

1 Comprende Subraya lo que sabes. Encierra en un círculo lo que debes hallar.

2 Planea ¿Cómo resolveré el problema?

3 Resuelve Voy a usar razonamiento lógico.
Dave mide 41 o 42 pulgadas de estatura.
42 es un número par.
Dave mide 42 pulgadas de estatura.

4 Comprueba ¿Es razonable mi respuesta?

Resolución de problemas

Subraya lo que sabes. Encierra en un círculo lo que debes hallar. Usa razonamiento lógico para resolver.

Primer lugar

Limpieza de borradores

1. Un estante mide 14 pulgadas de ancho. Hay suficiente espacio para colocar 2 trofeos. Un trofeo mide 2 pulgadas más de ancho que el otro. ¿Cuánto mide el trofeo más ancho?

_______ pulgadas

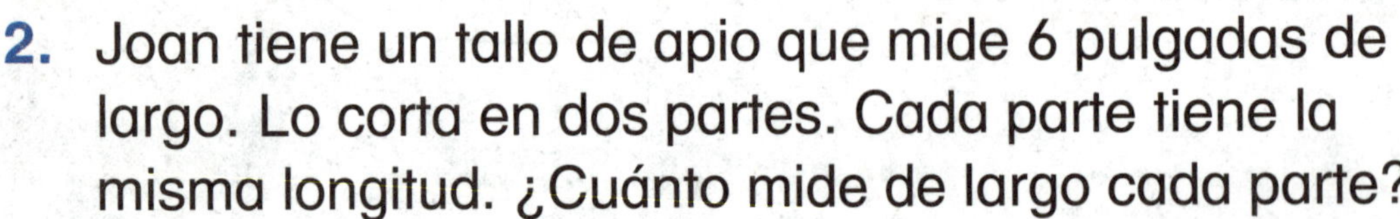

2. Joan tiene un tallo de apio que mide 6 pulgadas de largo. Lo corta en dos partes. Cada parte tiene la misma longitud. ¿Cuánto mide de largo cada parte?

_______ pulgadas

3. Marlon y Brent están midiendo sus zapatos. Sus zapatos miden 11 pulgadas en total. El zapato de Marlon mide 1 pulgada más de largo que el zapato de Brent. ¿Cuánto mide de largo el zapato de Brent?

_______ pulgadas

Práctica para la prueba

4. 36 pulgadas es _______ pies.

1	2	3	4
○	○	○	○

Las mates en casa Pídale a su niño o niña que estime la distancia de un cuarto a otro. Pídale que compruebe midiendo.

Nombre ....

Compruebo mi progreso

Comprobación del vocabulario

Traza líneas para relacionar.

1. **medir** — Hallar la longitud usando unidades estándares o no estándares.
2. **pie** — Igual a 36 pulgadas.
3. **yarda** — Igual a 12 pulgadas.

Comprobación del concepto

Encuentra los objetos. Mídelos. Escribe las longitudes. Escribe más largo o más corto.

4. 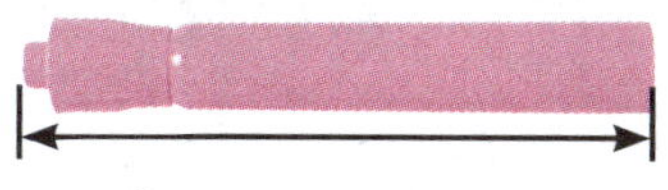

______ pulgadas

______ pulgadas

El marcador es ______ pulgadas ______________.

5. 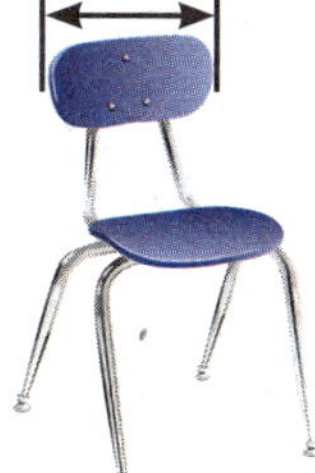

______ pies

______ pies

El gabinete es ______ pies ______________.

Encuentra los objetos. Mide la longitud de los objetos dos veces.

Objeto	Medida
6. SALVA LA TIERRA	_______ pies _______ yardas
7.	_______ pulgadas _______ pies
8.	_______ pulgadas _______ pies

9. Bill midió su libro favorito con una regla de una yarda. Medía 10 pulgadas de largo. ¿Qué instrumento debería haber usado Bill para medir el libro?

____

Práctica para la prueba

10. Emily dibujó una línea azul que mide 12 pulgadas de largo. Dibujó una línea violeta que mide 4 pulgadas de largo. ¿Cuánto miden de largo las dos líneas en total?

12 pulgadas	14 pulgadas	16 pulgadas	124 pulgadas
○	○	○	○

Nombre ....

Centímetros y metros

Lección 7

PREGUNTA IMPORTANTE
¿Cómo puedo medir objetos?

Explorar y explicar

¡Soy una profesional del ping pong!

_____ centímetros

_____ centímetros

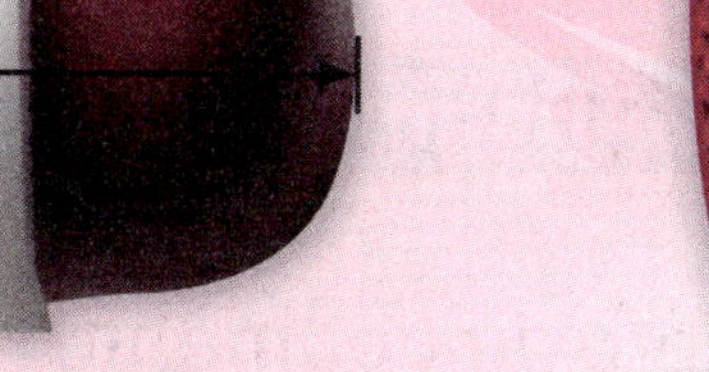

_____ centímetros

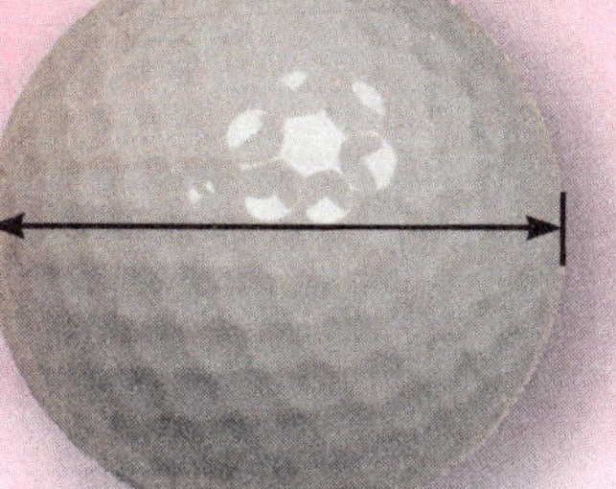

_____ centímetros

Instrucciones para el maestro: Diga: *Un cubo unitario mide 1 centímetro de largo.* Pídales que usen cubos unitarios para medir los objetos y que escriban la longitud de cada objeto en la línea.

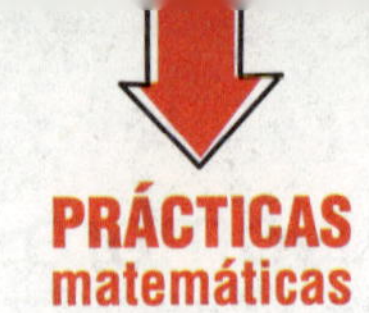

Ver y mostrar

Usa una regla en centímetros para medir en **centímetros**. Usa una regla de un metro para medir en **metros**. Hay 100 centímetros en un metro.

Pista
Usa centímetros para medir objetos más cortos. Usa metros para medir objetos más largos.

0 1 2 3 4 5
centímetros

Un sujetapapeles mide aproximadamente 5 centímetros de largo.

Encuentra los objetos. Estima la longitud. Mide los objetos en centímetros o en metros.

Objeto	Estimación	Medida
1.	aproximadamente _____ centímetros	aproximadamente _____ centímetros
2.	aproximadamente _________ metros	aproximadamente _________ metros
3.	aproximadamente _____ centímetros	aproximadamente _____ centímetros

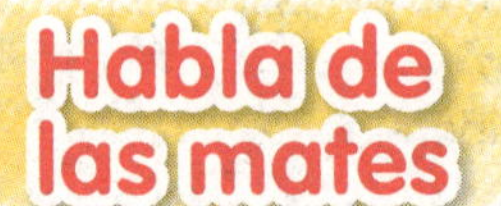

Identifica objetos del salón de clases que midan aproximadamente 1 centímetro de largo.

Nombre ______________________

CCSS

Por mi cuenta

Encuentra los objetos. Estima la longitud. Mide los objetos en centímetros o en metros.

Objeto	Estimación	Medida
4.	aproximadamente _____ centímetros	aproximadamente _____ centímetros
5.	aproximadamente _____ centímetros	aproximadamente _____ centímetros
6.	aproximadamente _____ centímetros	aproximadamente _____ centímetros
7.	aproximadamente __________ metros	aproximadamente __________ metros
8.	aproximadamente __________ metros	aproximadamente __________ metros

Resolución de problemas

PRÁCTICAS matemáticas

9. Tom corre los 100 metros planos dos veces. ¿Cuántos metros corre en total?

_______ metros

10. Los bastones de esquí de Jane miden 65 centímetros de alto. Los bastones de esquí de su hermana miden 80 centímetros de alto. ¿Cuánto más cortos son los bastones de Jane?

_______ centímetros

11. El carrito de Molly mide 100 centímetros de largo. ¿Cuántos metros de largo mide el carrito de Molly?

_______ metro

Problema S.O.S. La longitud de la cama de Isaac mide 2 metros. ¿Cuántos centímetros de largo mide la cama de Isaac? Explica tu respuesta.

____

____

____

Nombre ....

Mi tarea

Lección 7
Centímetros y metros

Asistente de tareas

¿Necesitas ayuda? connectED.mcgraw-hill.com

El cubo mide 1 centímetro de largo. Hay 100 centímetros en 1 metro.

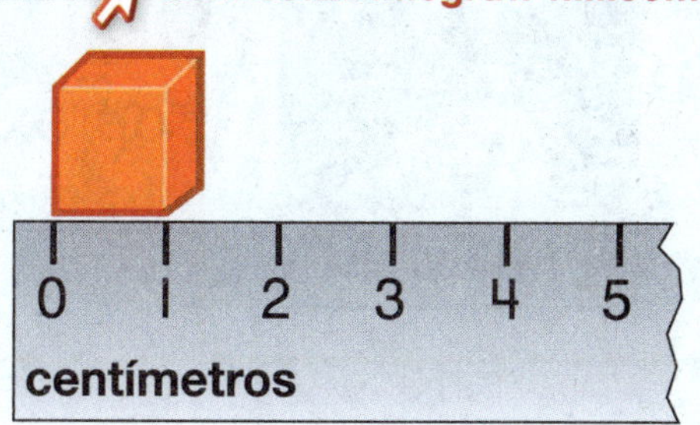

Práctica

Encuentra los objetos. Estima la longitud. Mide los objetos en centímetros o en metros.

Objeto	Estimación	Medida
1.	aproximadamente _____ centímetros	aproximadamente _____ centímetros
2.	aproximadamente _____ centímetros	aproximadamente _____ centímetros
3.	aproximadamente _________ metros	aproximadamente _________ metros

Encuentra los objetos. Estima el ancho. Mide los objetos en centímetros o en metros.

Objeto	Estimación	Medida
4.	aproximadamente _____ centímetros	aproximadamente _____ centímetros
5.	aproximadamente _________ metros	aproximadamente _________ metros

6. Un pino mide 4 metros de alto. Otro pino mide 3 metros de alto. ¿Cuántos centímetros más alto es el primer pino?

_______ centímetros

Comprueba el vocabulario

7. Encierra en un círculo la respuesta que es la misma que 1 **metro**.

1 centímetro	10 centímetros

100 centímetros	1,000 centímetros

Las mates en casa Pida a su niño o niña que identifique objetos que mediría en centímetros.

Nombre

Elegir y usar instrumentos en el sistema métrico

Lección 8

PREGUNTA IMPORTANTE
¿Cómo puedo medir objetos?

¡Daré ahora un medio giro!

Explorar y explicar

Observa

1.

2.

Instrucciones para el maestro: Diga a los niños: *Dibujen en la casilla 1 un objeto que medirían con una regla en centímetros. Dibujen en la casilla 2 un objeto que medirían con una regla de un metro.*

Ver y mostrar

Una regla en centímetros mide objetos pequeños.
Una regla de un metro mide objetos grandes.
Encierra en un círculo el instrumento que usarías para medir una lonchera.

Hora del almuerzo

regla en centímetros

regla de un metro

Encuentra los objetos. Elige el instrumento y mídelo. Explica por qué elegiste ese instrumento.

Objeto	Instrumento	Medida
1.	________	aproximadamente ________
2.	________	aproximadamente ________
3.	________	aproximadamente ________

¿Puedes medir un sujetapapeles con una regla de un metro? Explica tu respuesta.

Nombre

CCSS

Por mi cuenta

Encuentra los objetos. Elige el instrumento y mídelo. Explica por qué elegiste ese instrumento.

Objeto	Instrumento	Medida
4.	______	aproximadamente ______
5.	______	aproximadamente ______
6.	______	aproximadamente ______
7.	______	aproximadamente ______
8.	______	aproximadamente ______

Resolución de problemas

9. Una pared del garaje de Jim mide 5 metros de largo. Él está pintando de azul 2 metros de la pared. Quiere pintar de rojo el resto de la pared. ¿Cuántos metros pintará de rojo?

_______ metros

10. Un cajón de arena mide 300 centímetros de largo. ¿Cuántos metros mide de largo?

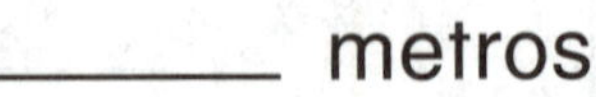

_______ metros

11. Allison nadó 50 metros en la mañana. Nadó 40 metros en la tarde. ¿Cuántos metros en total nadó Allison?

_______ metros

Las mates en palabras ¿Por qué necesitas conocer las longitudes en los sistemas usual y métrico?

____

____

____

Nombre ____________________

Mi tarea

Lección 8

Elegir y usar instrumentos en el sistema métrico

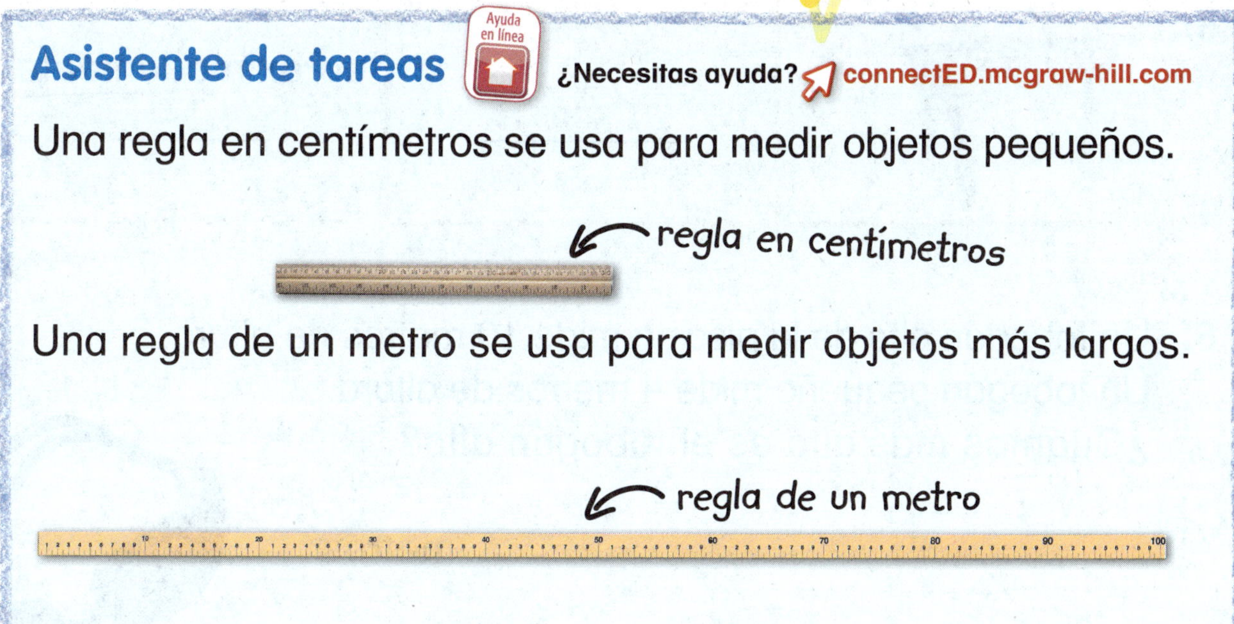

Asistente de tareas

Ayuda en línea ¿Necesitas ayuda? connectED.mcgraw-hill.com

Una regla en centímetros se usa para medir objetos pequeños.

regla en centímetros

Una regla de un metro se usa para medir objetos más largos.

regla de un metro

Práctica

Encuentra los objetos. Elige el instrumento y mídelo. Explica por qué elegiste ese instrumento.

Objeto	Instrumento	Medida
1.	________	aproximadamente ________
2.	________	aproximadamente ________

Encuentra los objetos. Elige el instrumento y mídelo. Explica por qué elegiste ese instrumento.

Objeto	Instrumento	Medida
3.	______	aproximadamente ______
4.	______	aproximadamente ______

5. Un tobogán alto de la piscina mide 10 metros de altura. Un tobogán pequeño mide 4 metros de altura. ¿Cuántos más alto es el tobogán alto?

   ______ metros

6. Los cien metros planos se marcan con una línea azul. Los 400 metros planos se marcan con una línea roja. ¿Cuántos metros más lejos está la línea roja?

   ______ metros

Práctica para la prueba

7. Ocho metros son iguales a _____ centímetros.

   400 ○ 600 ○ 800 ○ 900 ○

Las mates en casa Pida a su niño o niña que identifique objetos que mediría en metros y en centímetros.

Nombre ____________________

Mi tarea

Lección 9
Comparar longitudes en el sistema métrico

Asistente de tareas

¿Necesitas ayuda? connectED.mcgraw-hill.com

Puedes comparar las longitudes de los objetos.

10 centímetros

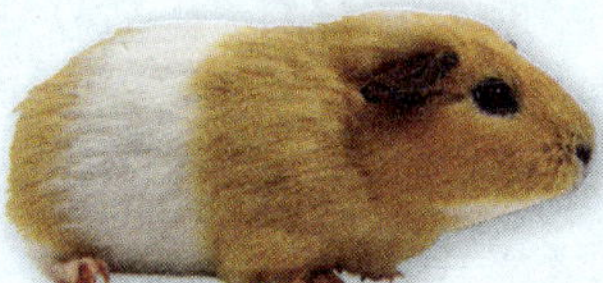

7 centímetros

El conejillo de Indias café es 3 centímetros más largo.

Práctica

Encuentra los objetos. Mídelos. Escribe las longitudes. Escribe más largo o más corto.

1. 

_______ centímetros _______ centímetros

La cuchara es _______ centímetros _____________.

2. 

_______ metros _______ metros

La casa es _______ metros _____________.

Encuentra los objetos. Mídelos. Escribe las longitudes. Escribe más largo o más corto.

3. 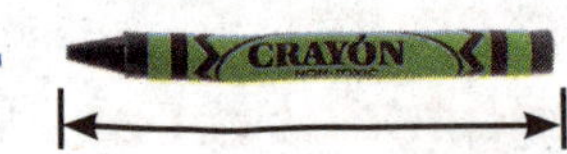

_______ centímetros _______ centímetros

El crayón es _______ centímetros _______________.

4. 

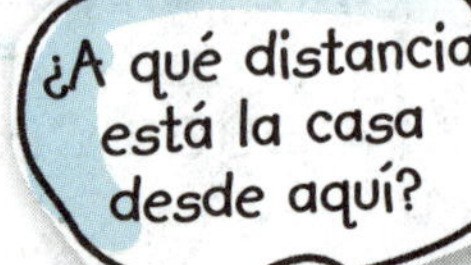

_______ metros _______ metros

El sofá es _______ metros _______________.

5. El camino de mi casa al granero mide 50 metros. El camino del granero al estanque mide 30 metros. ¿Cuánto mide el camino en total?

_______ metros

Práctica para la prueba

6. 56 metros + 35 metros = _____ metros.

- ○ 86
- ○ 87
- ○ 91
- ○ 95

Las mates en casa Pida a su niño o niña que mida en metros dos camas de su casa y que compare sus longitudes.

Nombre

Relacionar centímetros y metros

Lección 10

PREGUNTA IMPORTANTE
¿Cómo puedo medir objetos?

Explorar y explicar

ALMUERZO

Alimento

_______ centímetros o _______ metros

Instrucciones para el maestro: Pida a los niños que escojan un objeto grande de la imagen, como una mesa o una ventana. Diga: *Encuéntrenlo en su escuela. Midan el objeto en centímetros y en metros. Comenten las mediciones.*

PRÁCTICAS matemáticas

Ver y mostrar

Puedes usar diferentes unidades de longitud para medir el mismo objeto.

El aro de básquetbol mide

aproximadamente __3__ metros de alto.

Mide aproximadamente __300__ centímetros de alto.

Pista
1 metro = 100 centímetros

Encuentra los objetos. Mide la longitud de los objetos dos veces.

Objeto	Medida
1.	_______ centímetros _______ metros
2.	_______ centímetros _______ metros
3.	_______ centímetros _______ metros

¿Qué unidad de medida te da una medición más exacta?

Nombre ....

Por mi cuenta

Encuentra los objetos. Mide la longitud de los objetos dos veces.

Objeto	Medida
4.	_______ centímetros _______ metros
5.	_______ centímetros _______ metros
6.	_______ centímetros _______ metros
7.	_______ centímetros _______ metros
8.	_______ centímetros _______ metros

Resolución de problemas

9. El jardín de Kate mide 9 metros de largo. El jardín de Stella mide 954 centímetros de largo. ¿Cuál jardín es más largo?

____

10. El dormitorio de Brenda mide 6 metros de ancho. El dormitorio de Oliver mide 596 centímetros de ancho. ¿Cuál dormitorio es más ancho?

____

11. Gina camina 10 metros hasta su buzón de correo. Parker camina 757 centímetros hasta su buzón de correo. ¿Quién camina más lejos?

____

Problema S.O.S. La cinta de Abby medía 5 metros de largo. Corta 35 centímetros. ¿Cuánto mide de largo el trozo de cinta ahora? Explica tu respuesta.

____

____

____

____

Nombre ....

Mi tarea

Lección 10
Relacionar centímetros y metros

Asistente de tareas

¿Necesitas ayuda? connectED.mcgraw-hill.com

Puedes usar diferentes unidades de longitud para medir el mismo objeto.

El hilo mide 2 metros de largo.
Mide 200 centímetros de largo.

Práctica

Encuentra los objetos. Mide la longitud de los objetos dos veces.

Objeto	Medida
1.	______ centímetros ______ metros
2.	______ centímetros ______ metros
3.	______ centímetros ______ metros

Encuentra los objetos. Mide la longitud de los objetos dos veces.

Objeto	Medida
4.	_______ centímetros _______ metros
5.	_______ centímetros _______ metros

6. Al final de la carrera, Carla estaba 3 metros adelante de Reagan. ¿A cuántos centímetros delante de Reagan estaba Carla?

_______ centímetros

Práctica para la prueba

7. 35 centímetros + 65 centímetros = _______

I centímetro	I metro	90 centímetros	2 metros
○	○	○	○

Las mates en casa Pida a su niño o niña que mida en centímetros y en metros un objeto de su casa. Comenten en qué se relaciona cada medida con el tamaño de la unidad.

Nombre ....

Medir en una recta numérica

Lección 11

PREGUNTA IMPORTANTE
¿Cómo puedo medir objetos?

Me pregunto dónde estaría en una recta numérica.

Explorar y explicar

centímetros

0 1 2 3 4 5 6 7 8 9 10 11 12 13 14 15

_____ − _____ = _____

Instrucciones para el maestro: Pida a los niños que coloquen un crayón y un par de tijeras sobre la recta numérica. Diga: *Alineen los extremos en el 0.* Pregunte: *¿Cuánto más largas son las tijeras que el crayón?* Diga: *Repitan con otros pares de objetos. Dibujen un par de objetos sobre la recta numérica y escriban el enunciado de resta que muestra cuánto más largo es un objeto que el otro.*

Ver y mostrar

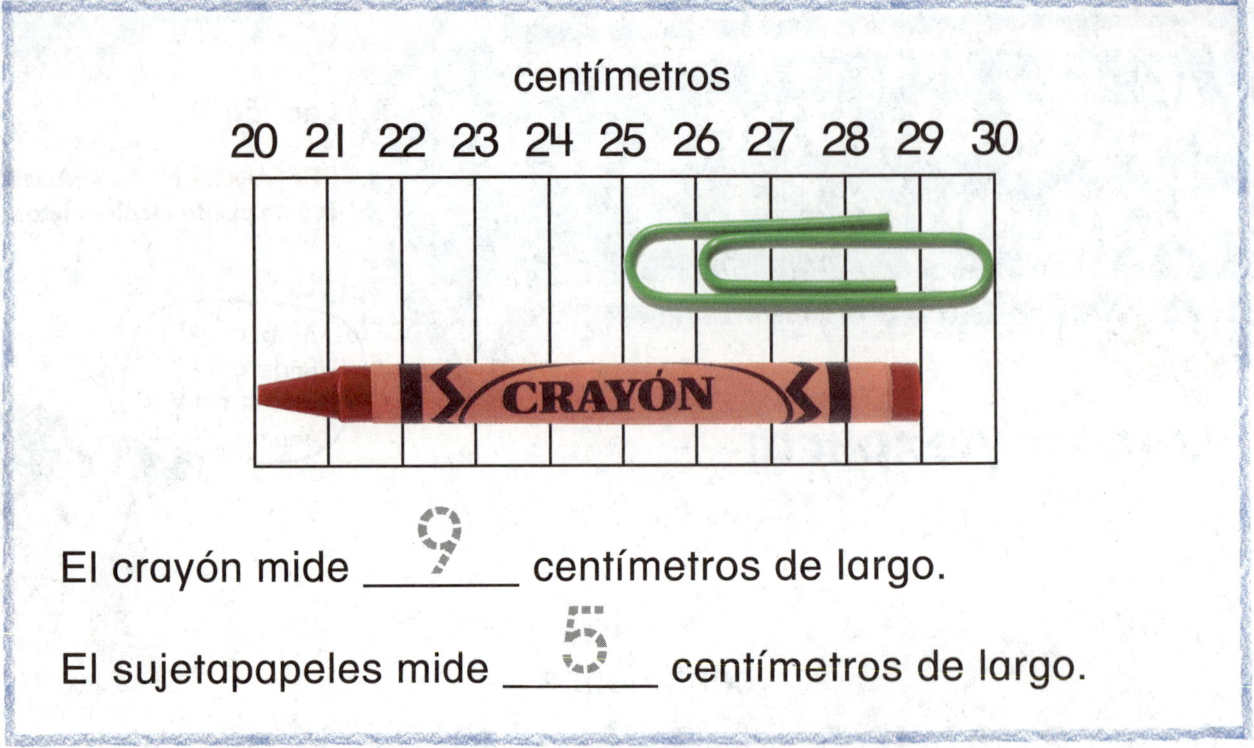

El crayón mide 9 centímetros de largo.

El sujetapapeles mide 5 centímetros de largo.

Usa la recta numérica para responder a las preguntas.

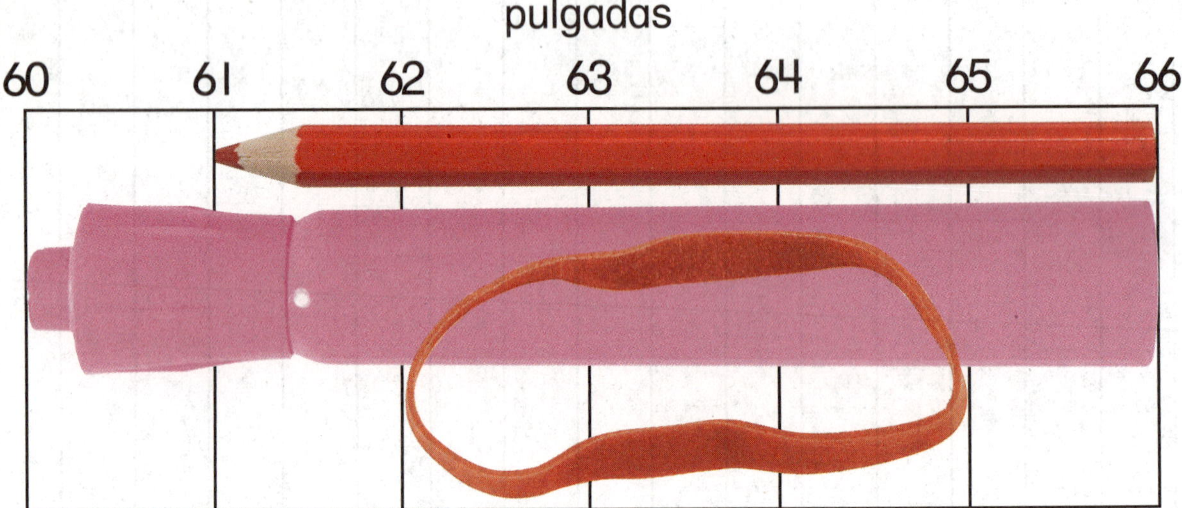

1. ¿Cuánto mide de largo el lápiz? _______ pulgadas

2. ¿Cuánto más largo es el marcador que la banda elástica? _______ pulgadas

¿Cómo te ayuda la recta numérica a comparar medidas?

Nombre ....

CCSS

Por mi cuenta

Usa la recta numérica para responder a las preguntas.

3. ¿Cuánto mide de largo la barra de pegamento? _______ centímetros

4. ¿Cuánto mide de largo la chincheta? _______ centímetros

5. ¿Cuánto mide de largo la goma de borrar? _______ centímetros

6. ¿Cuánto más largo es el lápiz que la barra de pegamento? _______ centímetros

7. ¿Cuánto en total miden de largo la goma de borrar y la chincheta? _______ centímetros

8. ¿Cuánto más corta es la chincheta que el lápiz? _______ centímetros

Resolución de problemas

PRÁCTICAS matemáticas

9. Mariana mide 38 pulgadas de estatura. Su hermano mide 26 pulgadas de estatura. ¿Cuánto más alta es Mariana?

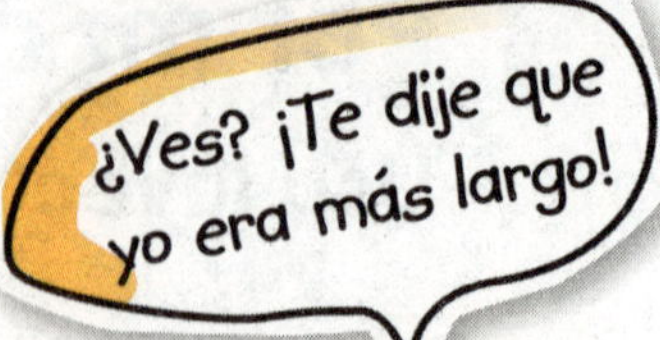

______ pulgadas

10. Pipo, el perro de Carla, mide 22 pulgadas de largo. Su gata Anabela mide 17 pulgadas de largo. ¿Cuánto más largo es Pipo?

______ pulgadas

11. Luis encontró un camino en el bosque de 54 metros de largo. Luego, encontró un segundo camino de 83 metros de largo. ¿Cuánto más largo es el segundo camino?

______ metros

¿Cómo te ayuda una recta numérica a medir objetos? Explica tu respuesta.

____

____

____

Nombre ....

Mi tarea

Lección 11
Medir en una recta numérica

Asistente de tareas

Ayuda en línea ¿Necesitas ayuda? connectED.mcgraw-hill.com

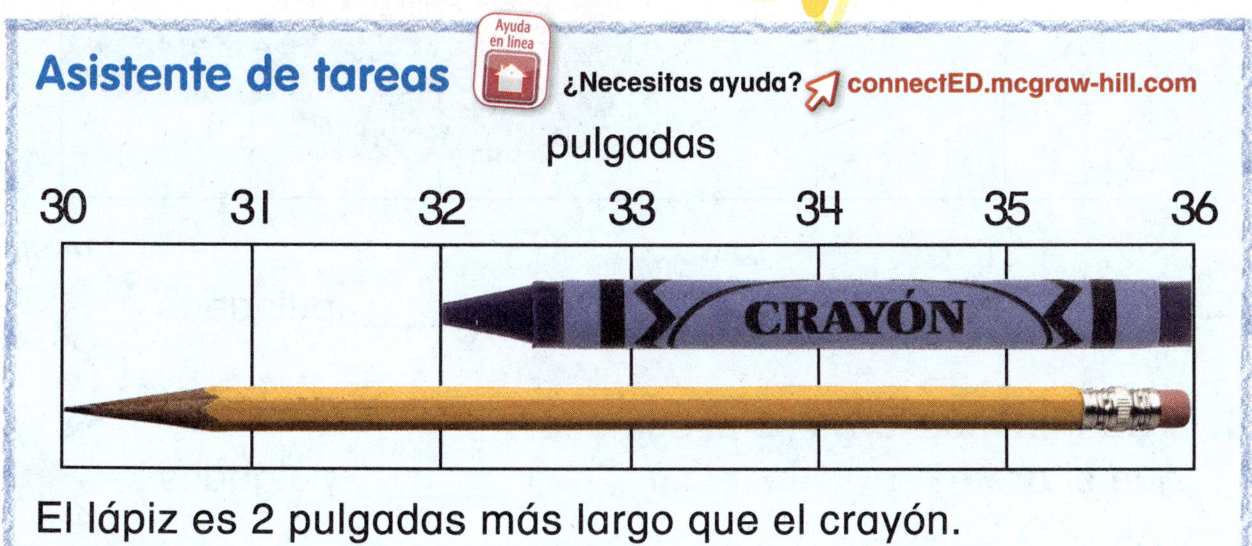

El lápiz es 2 pulgadas más largo que el crayón.

Práctica

Usa la recta numérica para responder a las preguntas.

1. ¿Cuánto mide de largo el camión? _______ centímetros

2. ¿Cuánto mide de largo el carro? _______ centímetros

Usa la recta numérica para responder a las preguntas.

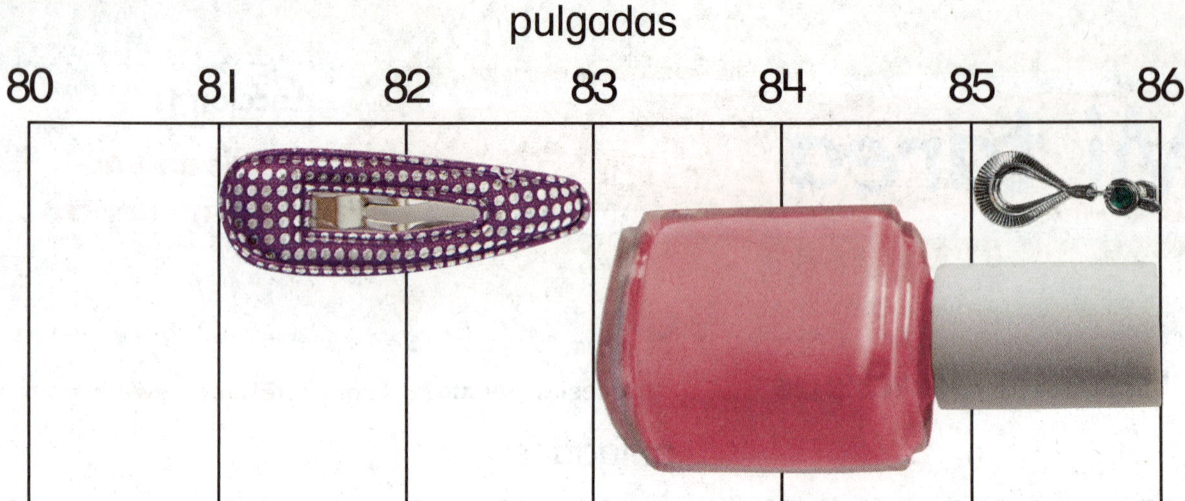

Color favorito: ¡bastón de caramelo!

3. ¿Cuánto mide de largo la hebilla? _______ pulgadas

4. ¿Cuánto más largo es el esmalte que el arete? _______ pulgadas

5. Susan construye una torre de bloques de 35 pulgadas de altura. Victoria construye una torre de bloques de 27 pulgadas de altura. ¿Cuánto más alta es la torre de Susan?

_______ pulgadas

Práctica para la prueba

6. 36 pulgadas + 26 pulgadas = _______

62 pulgadas	62 centímetros	62 pies	62 metros
○	○	○	○

Las mates en casa Ayude a su niño o niña a crear una recta numérica grande medida en pulgadas. Pídale que use la recta numérica para medir objetos de su casa.

Nombre ....

Datos de mediciones

Lección 12

PREGUNTA IMPORTANTE
¿Cómo puedo medir objetos?

Explorar y explicar

¡Puedo medir lo que sea!

¡Soy el "hombre regla verde"!

Longitud de los lápices

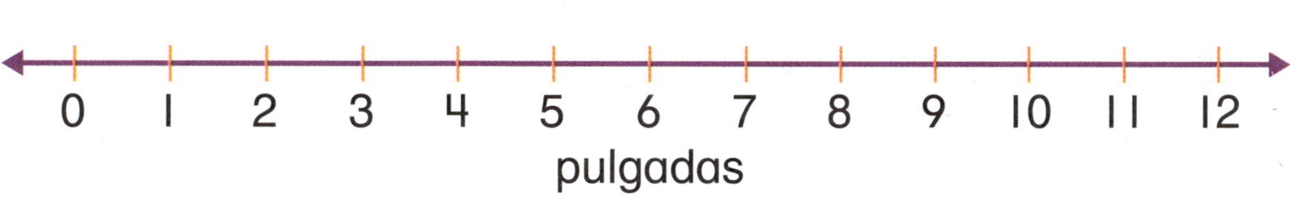

Instrucciones para el maestro: Diga a los niños: *Midan cinco lápices de sus compañeros de clase con una regla. Hagan un diagrama lineal usando los datos de sus mediciones.*

Ver y mostrar

PRÁCTICAS matemáticas

Pista
Recuerda que un diagrama lineal muestra cuántas veces aparece un número en los datos.

Longitud de los zapatos

centímetros	19	20	21	22	23	24	25
X				X	XX	XXX	

¿Cuántas personas tienen zapatos de 23 centímetros de largo? 2

Mide en pulgadas la longitud de la mano derecha de 10 personas. Usa los datos para hacer un diagrama lineal.

Longitud de las manos

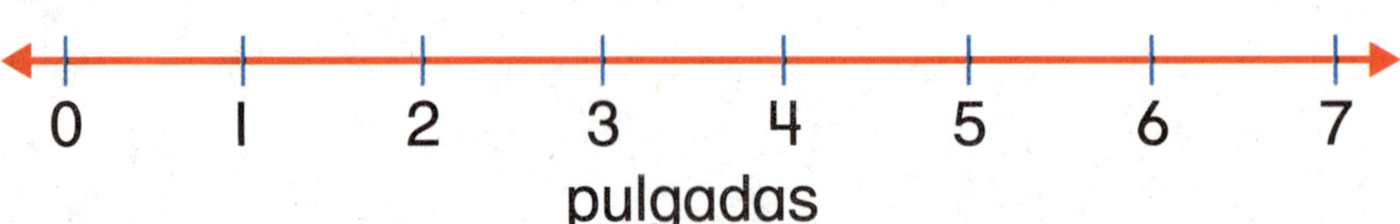

1. ¿Cuánto miden de largo la mayoría de las manos? _____ pulgadas

2. ¿Cuánto mide la mano más larga? _____ pulgadas

¿Cómo te ayuda un diagrama lineal a mostrar los datos de mediciones?

Nombre ....

Por mi cuenta

Mide 15 libros de la biblioteca de tu salón de clases. Usa los datos para hacer un diagrama lineal.

Longitud de los libros

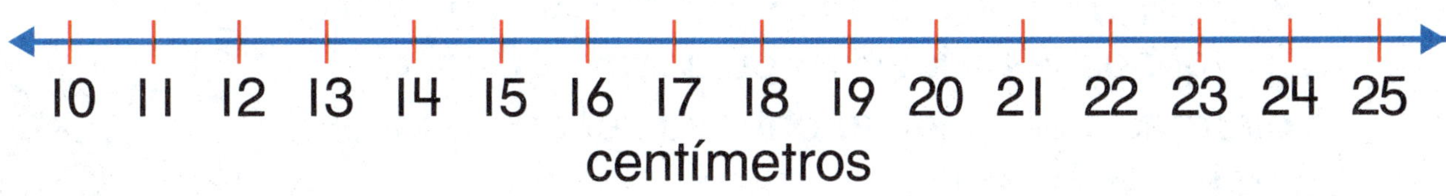

3. ¿Cuánto miden de largo la mayoría de los libros? ______ centímetros

4. ¿Cuánto mide el libro más largo? ______ centímetros

¡Este sí que es grande!

Mide en pulgadas 15 crayones usados. Usa los datos para hacer un diagrama lineal.

Longitud de los crayones

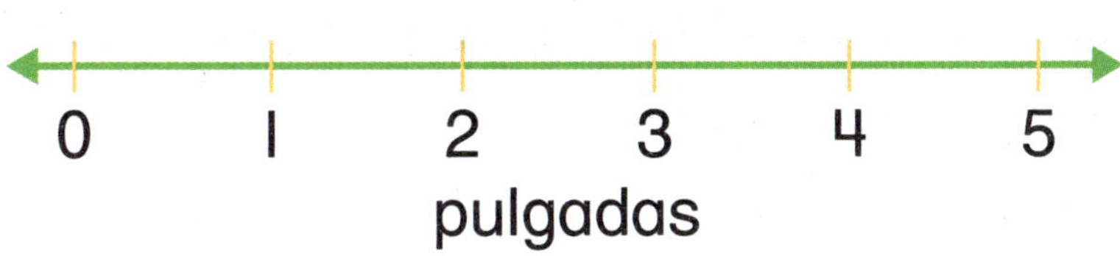

verde

5. ¿Cuánto mide el crayón más corto? ______ pulgadas

6. ¿Cuánto mide el crayón más largo? ______ pulgadas

Resolución de problemas

PRÁCTICAS matemáticas

7. Un diagrama lineal muestra que 12 personas miden 48 pulgadas de estatura, 8 personas miden 50 pulgadas de estatura y 9 personas miden 47 pulgadas de estatura. ¿Cuál es la estatura de la mayoría de las personas?

¿Contaron mi lengua?

_______ pulgadas

8. Cuatro serpientes miden 20 pulgadas, 2 miden 32 pulgadas y 4 miden 15 pulgadas. ¿Cuál es la diferencia en longitud entre la serpiente más larga y la más corta?

_______ pulgadas

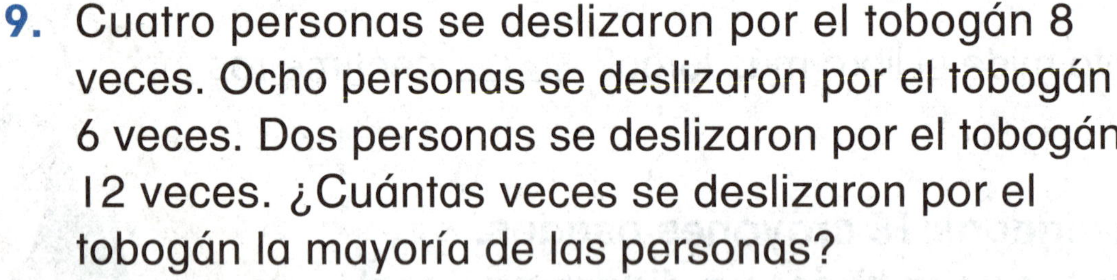

9. Cuatro personas se deslizaron por el tobogán 8 veces. Ocho personas se deslizaron por el tobogán 6 veces. Dos personas se deslizaron por el tobogán 12 veces. ¿Cuántas veces se deslizaron por el tobogán la mayoría de las personas?

_______ veces

Problema S.O.S. Jorge hizo un diagrama lineal con las alturas de sus 5 mascotas. El mismo número de mascotas mide 14 y 18 pulgadas de alto. Una mascota mide 6 pulgadas de alto. ¿Cuántas mascotas miden 14 pulgadas de alto?

____

____

____

Nombre ....

Mi tarea

Lección 12
Datos de mediciones

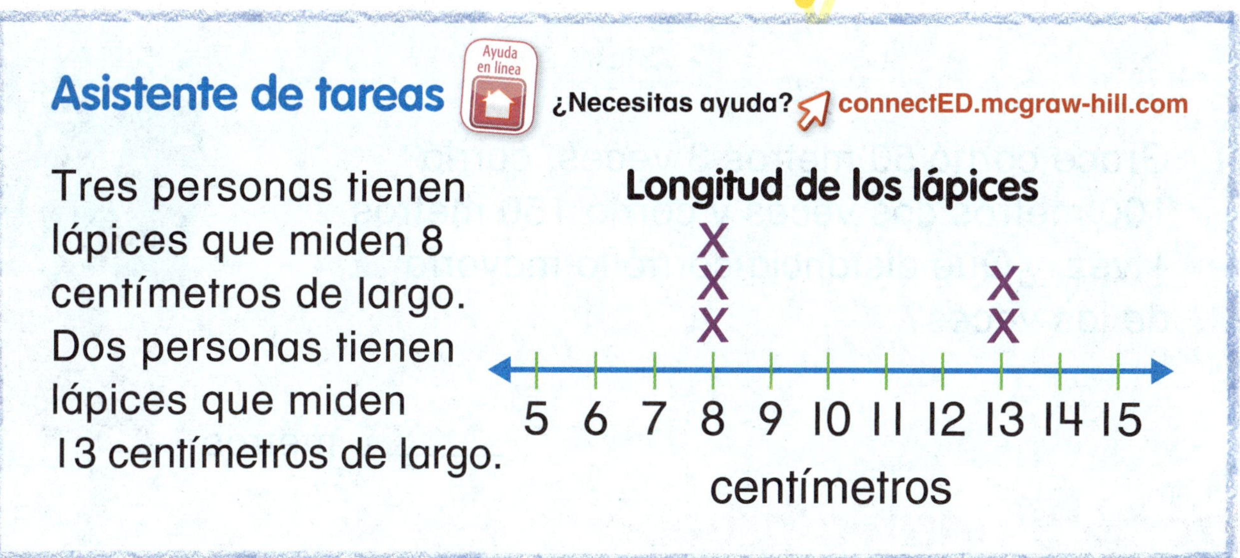

Práctica

Mide la longitud del pulgar de los miembros de tu familia. Usa los datos para hacer un diagrama lineal.

Pista
Los diagramas lineales muestran con qué frecuencia aparece un número en los datos.

Longitudes de los pulgares

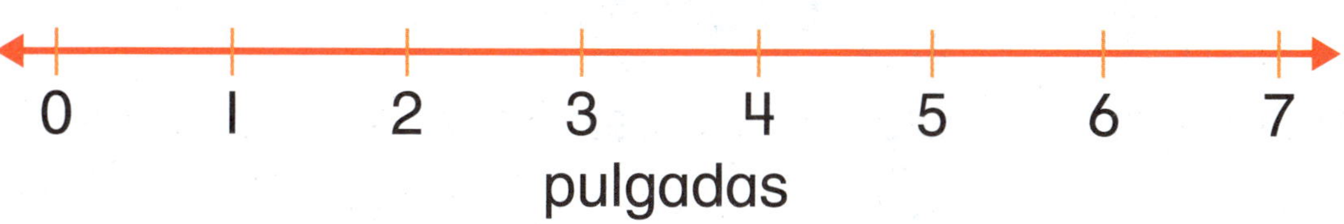

1. ¿Cuánto mide el pulgar más largo? _______ pulgadas

2. ¿ Cuánto mide el pulgar más corto? _______ pulgadas

3. Haz un diagrama lineal que muestre la altura de cada flor. Cuatro flores miden 10 centímetros, 3 flores miden 13 centímetros y 6 flores miden 17 centímetros.

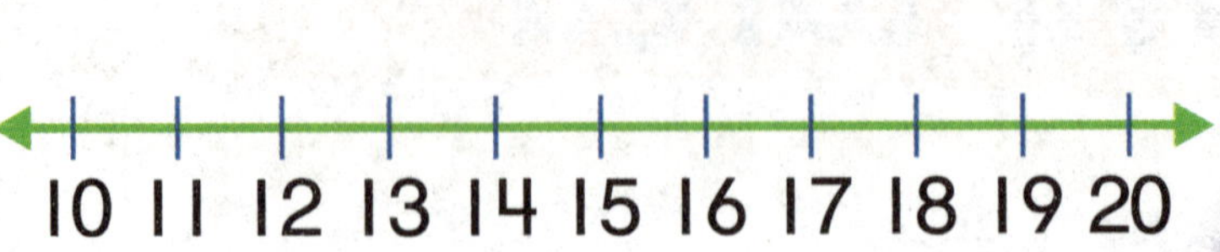

4. Grace corrió 50 metros 3 veces, corrió 100 metros dos veces y corrió 150 metros 1 vez. ¿Qué distancia corrió la mayoría de las veces?

_______ metros

Práctica para la prueba

5. Usa el siguiente diagrama lineal para responder a la pregunta. ¿Cuánto miden de largo la mayoría de los dedos de los pies?

Longitud de los dedos de los pies

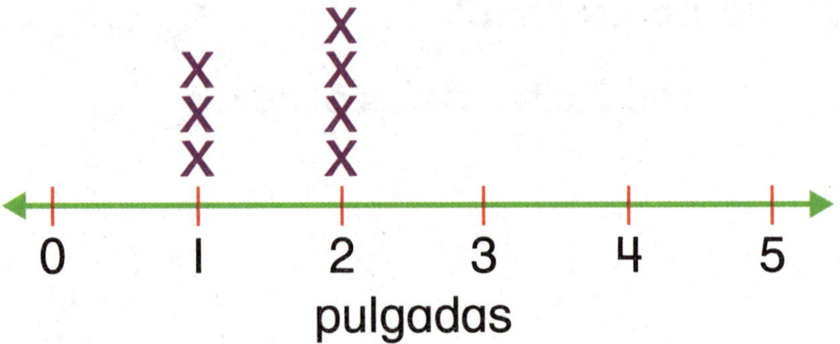

1 centímetro	1 pulgada	2 centímetros	2 pulgadas
○	○	○	○

Las mates en casa Pida a su niño o niña que cree un diagrama lineal para mostrar la estatura de todos los miembros de la familia.

Nombre ____________________

Mi repaso

Capítulo 11
Longitudes en los sistemas usual y métrico

Comprobación de vocabulario 

Escribe la palabra correcta en los espacios en blanco.

longitud	**pulgada**	**estimar**	**medir**
pie	**yarda**	**centímetro**	**metro**

1. Puedes ____________ para hallar un número cercano a la cantidad exacta.

2. La ____________ te indica el largo de algo o lo lejos que está.

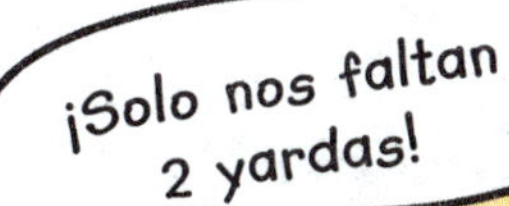

3. Un sujetapapeles mide aproximadamente una ____________ de largo.

4. Una ____________ es igual a 3 pies.

5. ____________ es hallar la longitud, la altura o el peso usando unidades estándares o no estándares.

6. Un cubo de base diez mide aproximadamente un ____________ de largo.

7. Un ____________ es igual a 12 pulgadas.

8. Un ____________ es igual a 100 centímetros.

Comprobación del concepto

Comprueba

Encuentra el objeto. Estima la longitud.
Mide el objeto en centímetros.

Objeto	Estimación	Medida
9. CRAYÓN	aproximadamente _____ centímetros	aproximadamente _____ centímetros

Encuentra el objeto. Elige el instrumento y mídelo.

Objeto	Instrumento	Medida
10.	_________	aproximadamente _______

Encuentra los objetos. Mídelos. Escribe las longitudes.
Escribe más largo o más corto.

11.

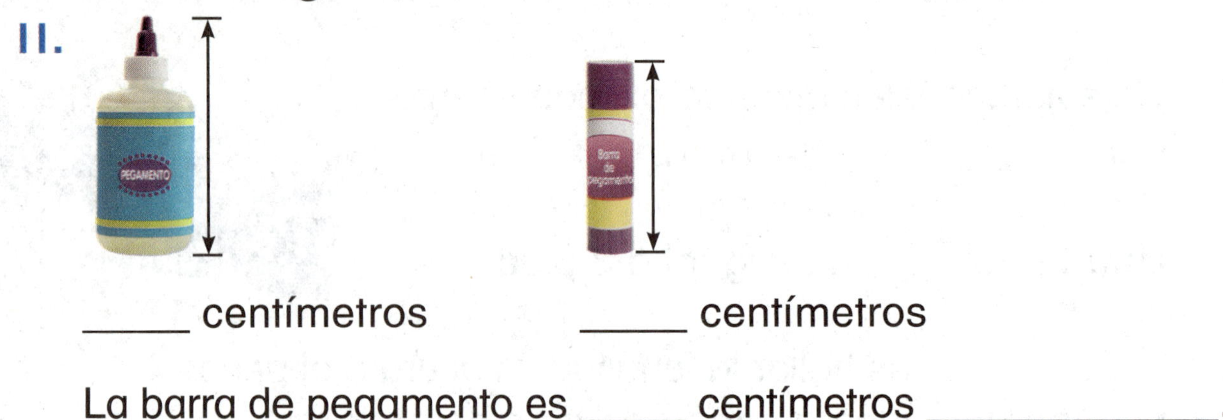

_____ centímetros _____ centímetros

La barra de pegamento es _____ centímetros _____________.

Encuentra el objeto. Mide su longitud dos veces.

Objeto	Medida
12.	_______ centímetros _______ metros

Nombre

Resolución de problemas

13. Usa los datos para hacer un diagrama lineal.
6 trozos de hilo medían 4 pulgadas de largo,
3 trozos de hilo medían 2 pulgadas de largo,
2 trozos de hilo medían 6 pulgadas de largo
y 1 trozo de hilo medía 5 pulgadas de largo.

Longitud de los hilos

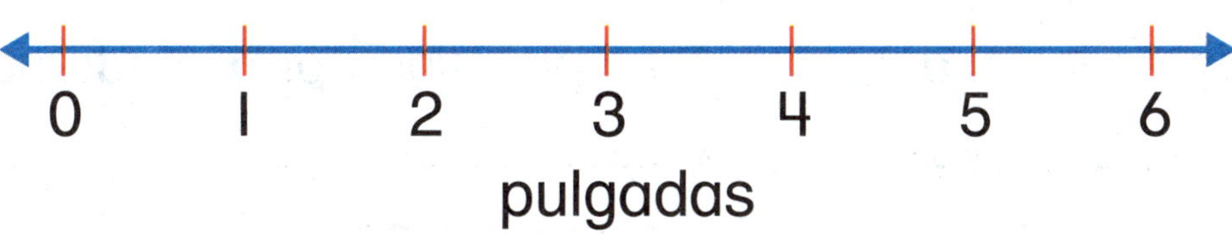

14. La bicicleta de Mason mide 4 pies de largo. Su patineta mide 2 pies de largo. ¿Cuántas pulgadas más larga es la bicicleta que la patineta?

_______ pulgadas

Práctica para la prueba

15. El palo de lacrosse de Lucy mide 1 metro de largo. ¿Cuántos centímetros mide de largo el palo de lacrosse de Lucy?

50	100	200	400
○	○	○	○

Pienso

Capítulo 11
Respuesta a la pregunta importante

Completa las oraciones.

PREGUNTA IMPORTANTE ¿Cómo puedo medir objetos?

Sistema usual	Sistema métrico
Un pie es igual a ______ pulgadas.	Un metro es igual a ______ centímetros.
Una yarda es igual a _____ pulgadas o _____ pies.	Mi pie mide aproximadamente ______________ centímetros de largo.
Mi pie mide aproximadamente ______________ pulgadas de largo.	Puedo medir longitudes en el sistema métrico con una ______________ o una ______________.
Puedo medir longitudes en el sistema usual con una ________, ______________ ________ o ______________ ________.	

¡Somos unos vencedores!

Capítulo 12

Figuras geométricas y partes iguales

PREGUNTA IMPORTANTE

¿Cómo uso figuras y partes iguales?

Mis estándares estatales

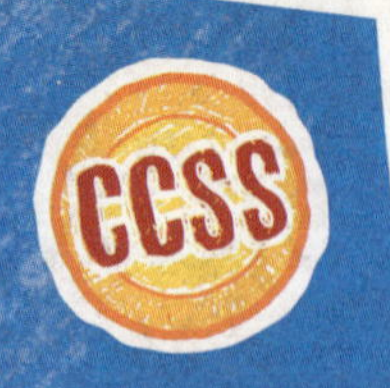

Geometría

CCSS

2.G.1 Reconocer y dibujar figuras con atributos determinados, como una cantidad dada de ángulos o una cantidad dada de caras iguales. Identificar triángulos, cuadriláteros, pentágonos, hexágonos y cubos.

2.G.2 Dividir un rectángulo en filas y columnas formadas por cuadrados de igual tamaño y contar para hallar la cantidad total de cuadrados.

2.G.3 Dividir círculos y rectángulos en dos, tres o cuatro partes iguales, describir las partes usando las expresiones *mitades, tercios, la mitad de, un tercio de*, etc., y describir un entero como dos mitades, tres tercios o cuatro cuartos. Reconocer que las partes iguales de enteros idénticos no deben tener, necesariamente, la misma forma.

Estándares para las
PRÁCTICAS matemáticas

1. Entender los problemas y perseverar en la búsqueda de una solución.
2. Razonar de manera abstracta y cuantitativa.
3. Construir argumentos viables y hacer un análisis del razonamiento de los demás.
4. Representar con matemáticas.
5. Usar estratégicamente las herramientas apropiadas.
6. Prestar atención a la precisión.
7. Buscar una estructura y usarla.
8. Buscar y expresar regularidad en el razonamiento repetido.

= Se trabaja en este capítulo.

Nombre ....

Antes de seguir...

Conéctate para hacer la prueba de preparación.

Traza una x sobre el objeto que tiene una forma distinta.

1. 

2.   

Traza una línea para relacionar los objetos que tienen la misma forma.

3. 

4. 

5. 

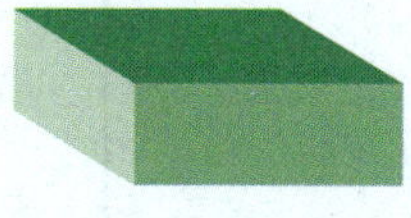

6. ¿Qué figura es el tablero de juego? Encierra en un círculo la palabra.

triángulo cuadrado círculo

¿Cómo me fue?

Sombrea las casillas para mostrar los problemas que respondiste correctamente.

1	2	3	4	5	6

Nombre ....

Las palabras de mis mates

Repaso del vocabulario

círculo cuadrado rectángulo

Usa las palabras del repaso del vocabulario para completar la tabla. La primera fila se completó para ti.

Palabra	Ejemplo	Contraejemplo
triángulo	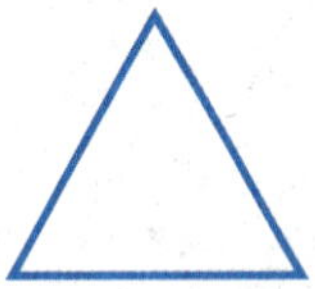	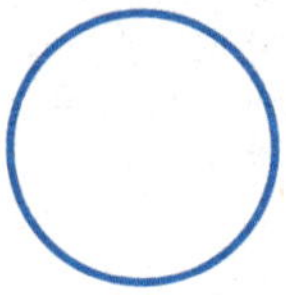
______________		
______________	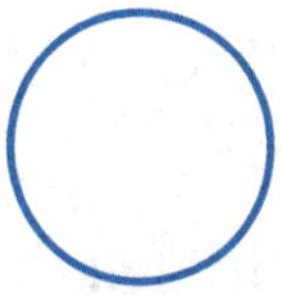	
______________		

Mis tarjetas de vocabulario

PRÁCTICAS matemáticas

Lección 12-2

ángulo

Lección 12-5

arista

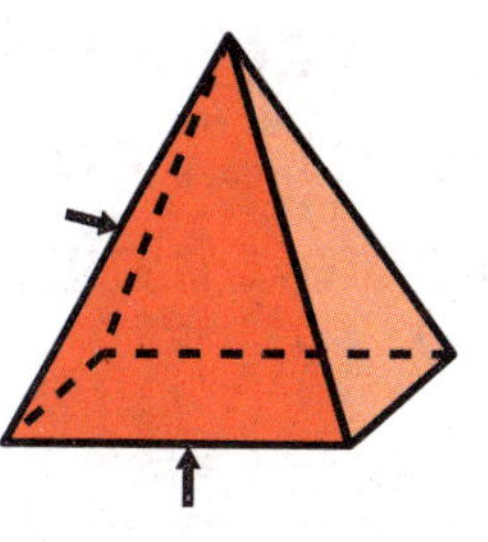

Lección 12-5

cara

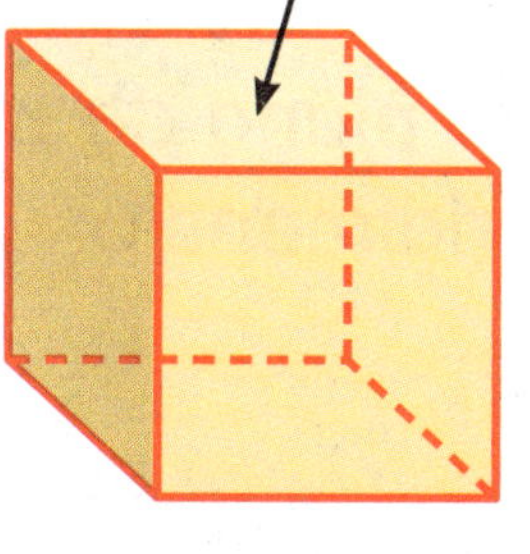

Lección 12-4

cilindro

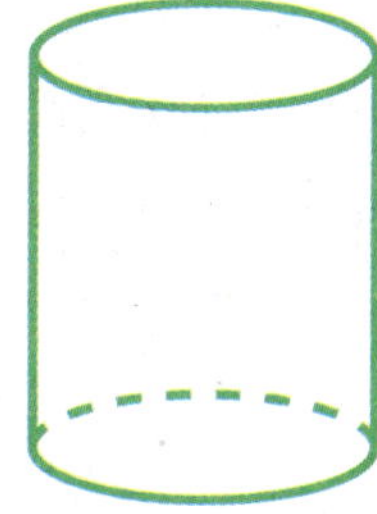

Lección 12-4

cono

Lección 12-1

cuadrilátero

Instrucciones para el maestro: Sugerencias

- Pida a los estudiantes que agrupen 2 o 3 palabras comunes y agreguen una palabra que no tenga relación con el grupo. Dígales que le pidan a otro estudiante que nombre la palabra que no se relaciona.
- Pida a los estudiantes que dibujen un ejemplo por tarjeta. Pídales que hagan dibujos distintos de los que aparecen en las tarjetas.

Segmento de recta donde se encuentran dos caras de una figura tridimensional.

Donde dos lados de una figura bidimensional se encuentran.

Figura tridimensional que tiene la forma de una lata.

La parte plana de una figura tridimensional.

Figura con 4 lados y 4 ángulos.

Figura tridimensional que se estrecha hasta un punto desde una cara circular.

Mis tarjetas de vocabulario

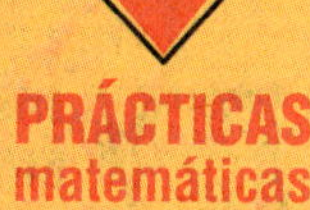

PRÁCTICAS matemáticas

Lección 12-7

cuartos

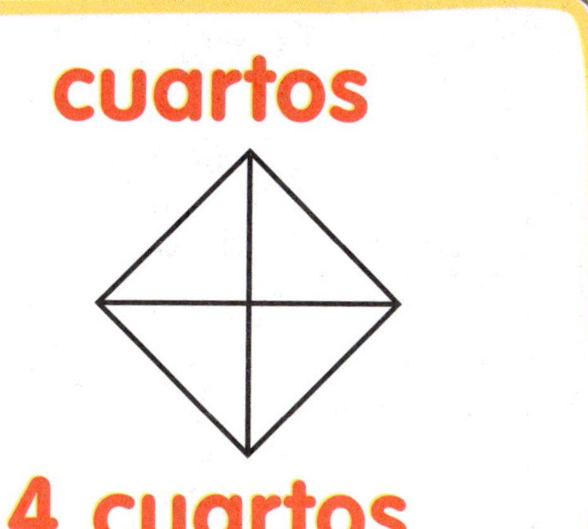

4 cuartos

Lección 12-4

cubo

Lección 12-6

esfera

Lección 12-1

figuras bidimensionales

Lección 12-4

figuras tridimensionales

Lección 12-1

hexágono

Instrucciones para el maestro: Más sugerencias

- Pida a los estudiantes que inventen una adivinanza por cada palabra. Dígales que le pidan a un compañero o una compañera que adivine la palabra de cada tarjeta.
- Pida a los estudiantes que hagan una marca de conteo en la tarjeta correspondiente cada vez que lean una de estas palabras en este capítulo o la usen al escribir. Pídales que se pongan como meta hacer al menos 10 marcas de conteo en cada tarjeta.

Figura tridimensional con 6 caras cuadradas.

Cuatro partes iguales.

Figura que tiene solo dos dimensiones: largo y ancho.

Figura tridimensional que tiene la forma de una pelota redonda.

Figura bidimensional que tiene seis lados.

Figura que tiene largo, ancho y alto.

Mis tarjetas de vocabulario

PRÁCTICAS matemáticas

Lección 12-4

lado

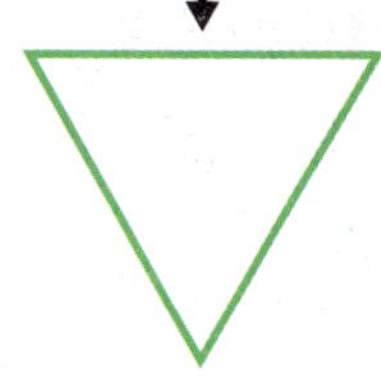

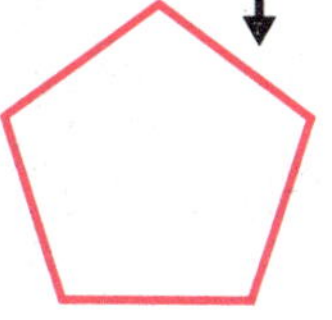

Lección 12-7

mitades

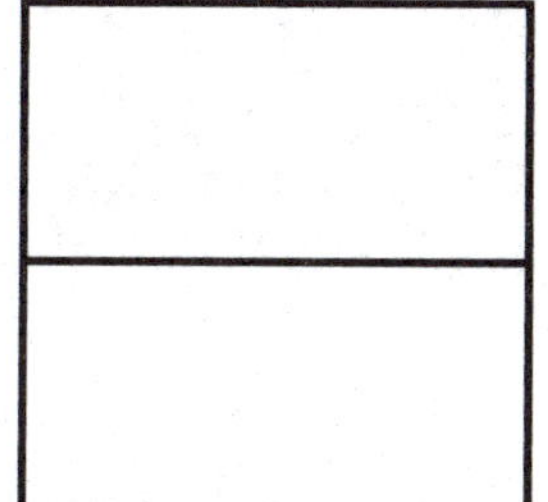

2 mitades

Lección 12-1

paralelogramo

Lección 12-7

partición

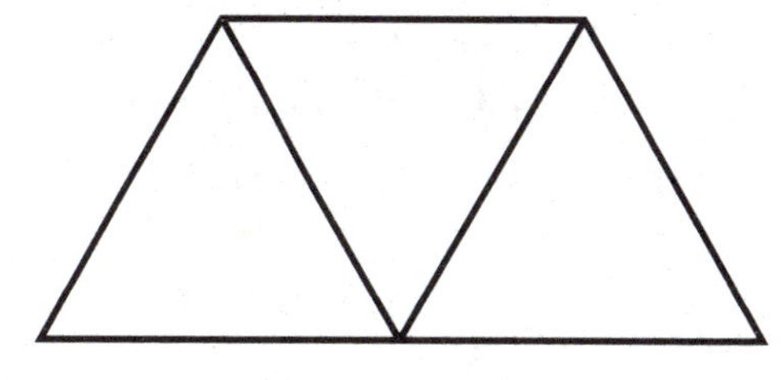

Lección 12-1

pentágono

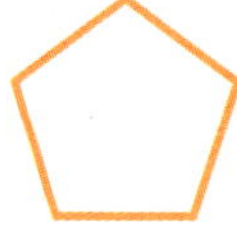

Lección 12-4

pirámide

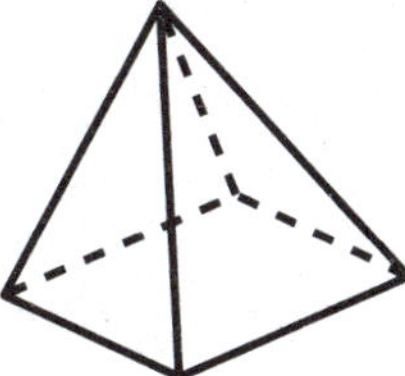

Instrucciones para el maestro:
Más sugerencias

- Pida a los estudiantes que organicen las palabras por el número de sílabas que tiene cada una.
- Pida a los estudiantes que encuentren imágenes para representar las palabras. Pídales que trabajen con un compañero o una compañera para adivinar la palabra que representa la imagen.

Dos partes iguales.

Uno de los segmentos de recta que componen una figura.

La acción de dividir en grupos o separar.

Figura bidimensional que tiene dos pares de lados de igual longitud y paralelos.

Figura tridimensional con un polígono como base y otras caras que son triángulos.

Polígono de cinco lados.

Mis tarjetas de vocabulario

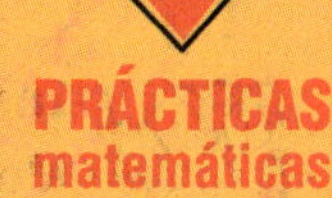

PRÁCTICAS matemáticas

Lección 12-2

prisma rectangular

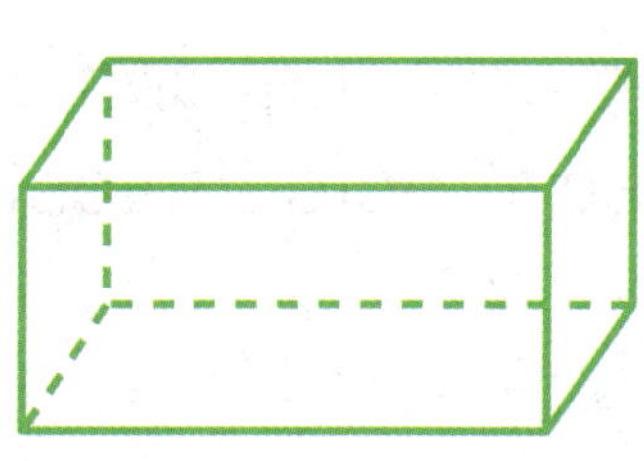

Lección 12-1

tercios

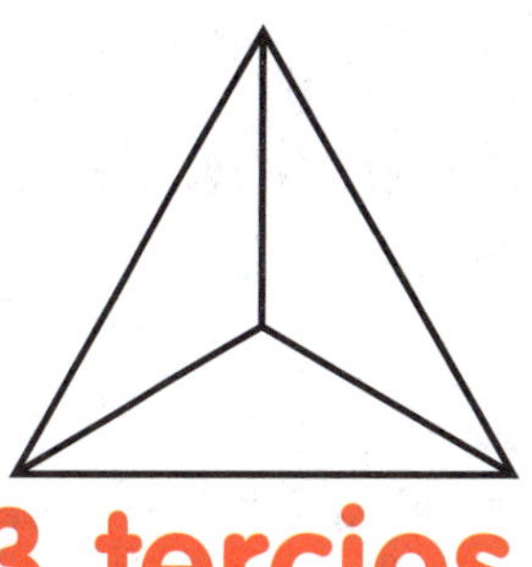

3 tercios

Lección 12-7

trapecio

Lección 12-1

vértice

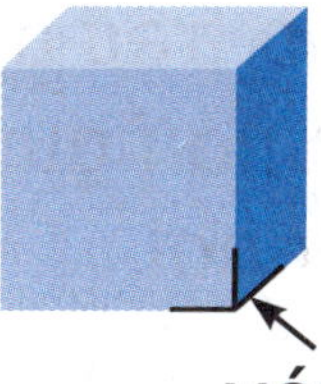

vértice

Instrucciones para el maestro:
Más sugerencias

- Pida a los estudiantes que organicen las tarjetas en orden alfabético.
- Pida a los estudiantes que agrupen 2 o 3 palabras comunes y agreguen una palabra que no tenga relación con el grupo. Dígales que le pidan a otro estudiante que nombre la palabra que no se relaciona.

Tres partes iguales.

Figura tridimensional con 6 caras que son rectángulos.

Punto donde se encuentran tres o más caras de una figura tridimensional.

Figura bidimensional de cuatro lados y solo dos lados opuestos que son paralelos.

FOLDABLES® Sigue los pasos que aparecen en el reverso para hacer tu modelo de papel.

FOLDABLES
Ayudas de estudio

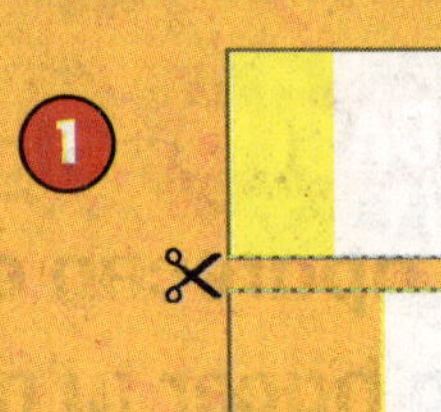
1

2

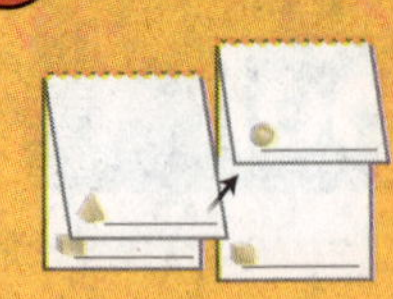

3

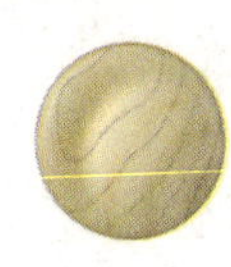

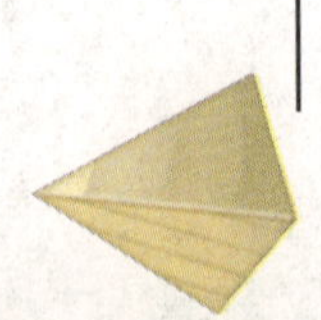

Nombre

Figuras bidimensionales

Lección 1

PREGUNTA IMPORTANTE
¿Cómo uso figuras y partes iguales?

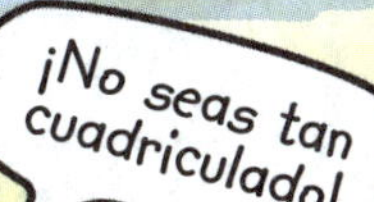

Explorar y explicar

círculo

hexágono

cuadrado

rectángulo

triángulo

Instrucciones para el maestro: Pida a los estudiantes que usen bloques de atributos pequeños. Diga: *Dibujen e identifiquen las figuras. Tracen una línea desde cada figura hasta su nombre.*

Ver y mostrar

Una **figura bidimensional** es una figura que solo tiene largo y ancho.

círculo **triángulo** **cuadrado** **rectángulo**

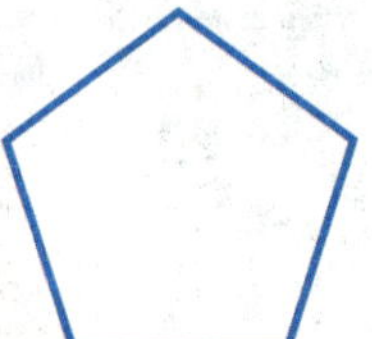
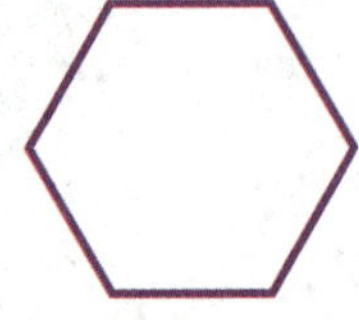

pentágono **hexágono** **paralelogramo** **trapecio**

Encierra en un círculo las figuras que corresponden al nombre.

1. paralelogramo

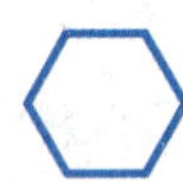

2. triángulo

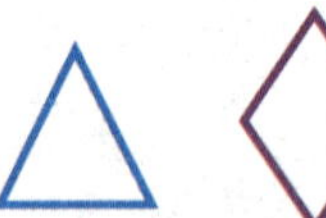

Escribe el nombre de la figura. Encierra en un círculo la figura que le corresponde.

3.

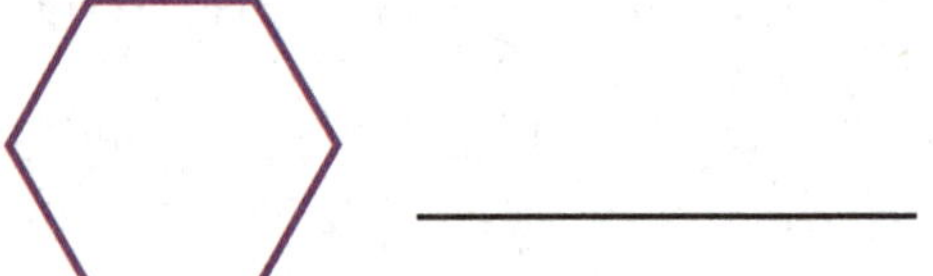

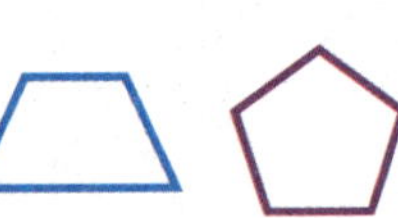

¿Cuál es la diferencia entre un pentágono y un hexágono? ¿En qué se parecen?

CCSS

Nombre ....

Por mi cuenta

Encierra en un círculo las figuras que corresponden al nombre.

4. trapecio

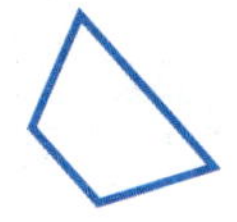   

5. hexágono

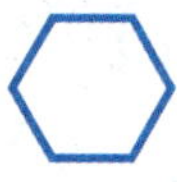   

6. triángulo

7. pentágono

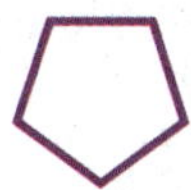 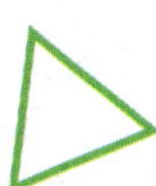  

Escribe el nombre de la figura. Encierra en un círculo la figura que le corresponde.

8.  ______________

9. 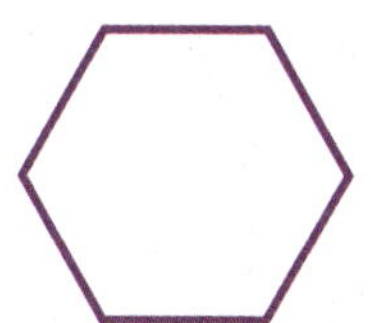 ______________

   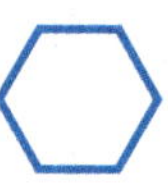

Encierra en un círculo la figura que no pertenece al grupo.

10.  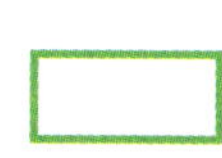  

11.    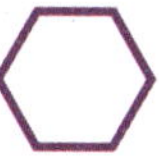

Resolución de problemas

12. Identifica la figura de las señales.

_______ _______

¿Cuántas figuras de igual forma ves?

13.

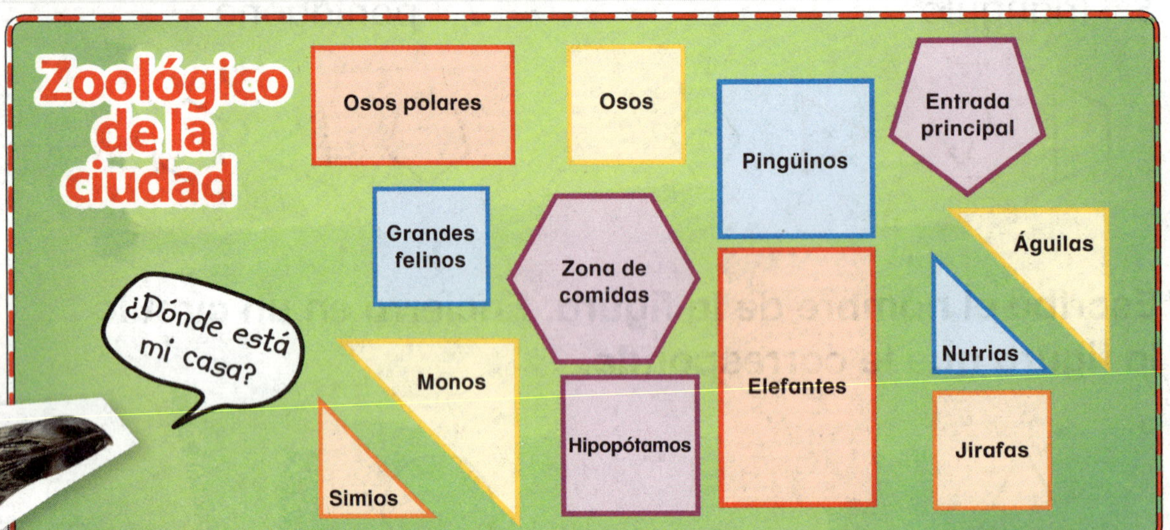

triángulos _____ hexágonos _____ rectángulos _____

cuadrados _____ pentágonos _____ círculos _____

Las mates en palabras Da ejemplos de objetos de tu escuela que parezcan triángulos y cuadrados.

____

____

____

Nombre

Mi tarea

Lección 1
Figuras bidimensionales

Asistente de tareas

Ayuda en línea ¿Necesitas ayuda? connectED.mcgraw-hill.com

Una figura bidimensional es una figura que solo tiene largo y ancho.

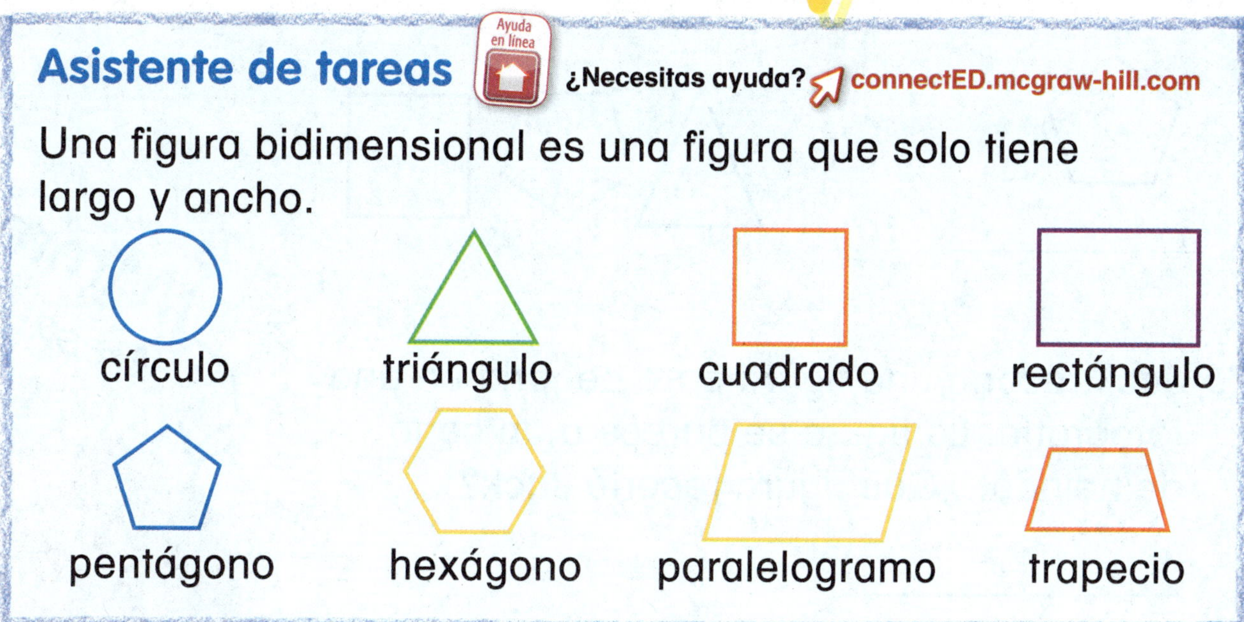

Práctica

Encierra en un círculo las figuras que corresponden al nombre.

1. rectángulo

2. triángulo

3. trapecio

4. hexágono

Escribe el nombre de la figura. Encierra en un círculo la figura que le corresponde.

5.

____

6.

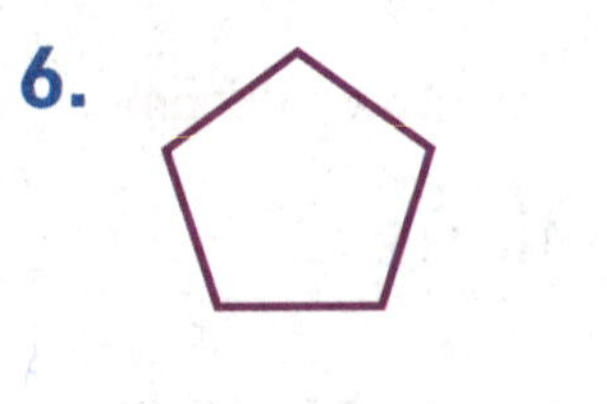

____

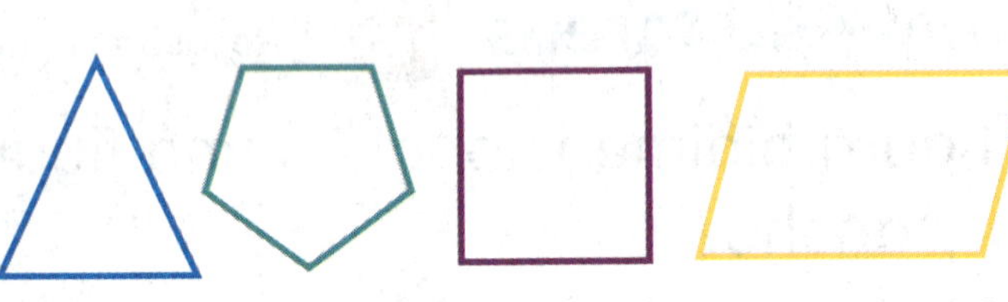

¡Mmmm, fresa!

7. Jack recorta una figura para pegarla en una fotografía. La figura se parece a un cono de helado. ¿Qué figura recortó Jack?

____

Comprobación del vocabulario

8. Encierra en un círculo los hexágonos.

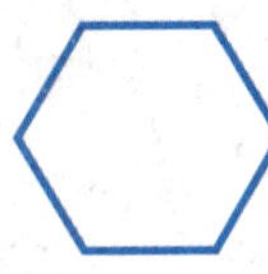

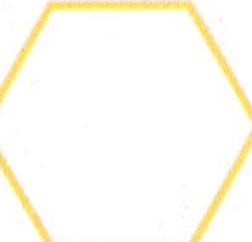

Las mates en casa Señale figuras bidimensionales que haya en su casa (triángulos, cuadrados, rectángulos, hexágonos y pentágonos) y pida a su niño o niña que las identifique.

Nombre

Lados y ángulos

Lección 2

PREGUNTA IMPORTANTE
¿Cómo uso figuras y partes iguales?

Explorar y explicar

¿Viste lo que yo vi?

_____ lados _____ ángulos

_____ lados _____ ángulos

_____ lados _____ ángulos

Instrucciones para el maestro: Pida a los estudiantes que ordenen bloques de patrones de triángulos, cuadrados, paralelogramos, trapecios y hexágonos de acuerdo con la cantidad de lados y ángulos. Diga: *Dibújenlos. Escriban la cantidad de lados y ángulos.*

Ver y mostrar

Puedes describir las figuras bidimensionales por la cantidad de **lados** y **ángulos**.

triángulo

lado

ángulo

______ lados

______ ángulos

cuadrilátero

______ lados

______ ángulos

pentágono

______ lados

______ ángulos

hexágono

______ lados

______ ángulos

círculo

______ lados

______ ángulos

Dibuja las figuras. Escribe la cantidad de lados y ángulos.

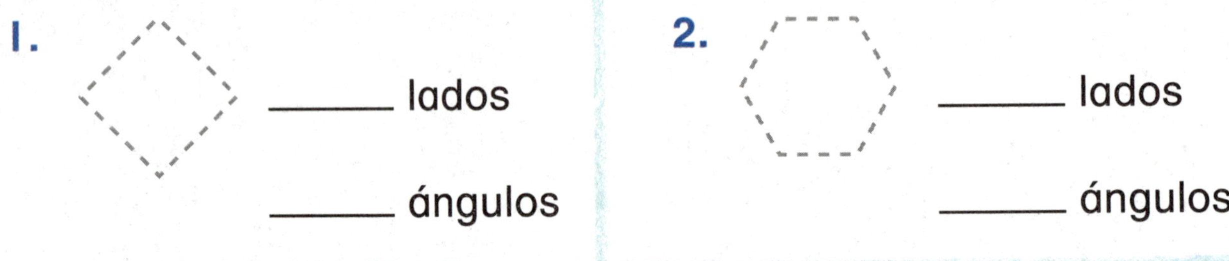

1. ______ lados

   ______ ángulos

2. ______ lados

   ______ ángulos

3. Encierra en un círculo los objetos que tienen 0 lados y 0 ángulos.

¿En qué se parecen un cuadrado y un hexágono? ¿En qué se diferencian?

Nombre ....

CCSS

Por mi cuenta

Dibuja las figuras. Escribe la cantidad de lados y ángulos.

4. 

_____ lados

_____ ángulos

5. 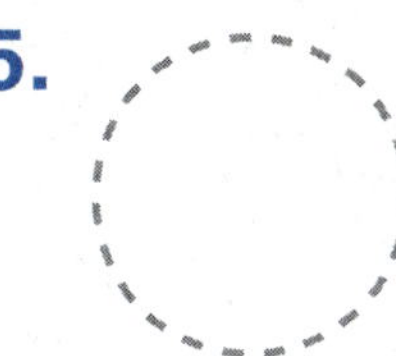

_____ lados

_____ ángulos

6. 

_____ lados

_____ ángulos

7. 

_____ lados

_____ ángulos

Encierra en un círculo los objetos que corresponden a la descripción.

8. 3 lados y 3 ángulos

9. 4 lados y 4 ángulos

PRÁCTICAS matemáticas

Resolución de problemas

Haz un dibujo para resolver.

¡Seis lados!

10. Kira dibuja una figura de 6 lados y 6 ángulos. ¿Qué figura dibujó?

un ________

11. Alex dibuja una figura de 3 lados y 3 ángulos. ¿Qué figura dibujó?

un ________

12. Josh dibujó 3 cuadrados. Katie dibujó 2 triángulos y 1 cuadrado. ¿Quién dibujó más ángulos?

____

Las mates en palabras Escribe el nombre de las figuras. Describe dos cosas de cada una.

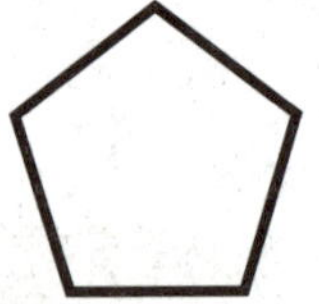

____

1. ________

2. ________

____

1. ________

2. ________

Nombre ....

Mi tarea

Lección 2
Lados y ángulos

Asistente de tareas

Ayuda en línea ¿Necesitas ayuda? connectED.mcgraw-hill.com

Una figura bidimensional se puede describir por sus lados y ángulos.

triángulo
lado → ángulo
3 lados
3 ángulos

cuadrilátero
4 lados
4 ángulos

pentágono
5 lados
5 ángulos

hexágono
6 lados
6 ángulos

círculo
0 lados
0 ángulos

Práctica

Dibuja las figuras. Escribe la cantidad de lados y ángulos.

1. ______ lados

______ ángulos

2. 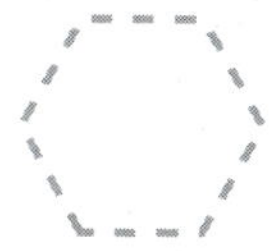

______ lados

______ ángulos

3. 

______ lados

______ ángulos

4. 

______ lados

______ ángulos

5. Encierra en un círculo el objeto que tiene 8 lados y 8 ángulos.

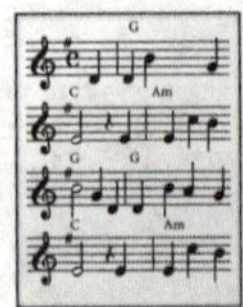

6. Jason dibujó una figura que tiene 6 lados. ¿Qué figura dibujó?

un ______________

7. Carla dibujó un triángulo y un cuadrado. Janice dibujó una figura de 6 lados y 6 ángulos. ¿Quién dibujó más lados y ángulos?

____

Comprobación del vocabulario

Une el nombre de las figuras con la cantidad de lados y ángulos.

8. **hexágono**	4 lados y 4 ángulos
9. **cuadrilátero**	5 lados y 5 ángulos
10. **triángulo**	6 lados y 6 ángulos
11. **pentágono**	3 lados y 3 ángulos

Las mates en casa Mientras viajan en carro o caminan, observen señales viales con su niño o niña. Pídale que nombre y describa la forma de las señales que vean.

Nombre

Resolución de problemas

ESTRATEGIA: Dibujar un diagrama

Lección 3

PREGUNTA IMPORTANTE
¿Cómo uso figuras y partes iguales?

Observa Herramientas

Lily dibujó una figura. La figura tiene 6 lados. También tiene 6 ángulos. ¿Qué figura dibujó Lily?

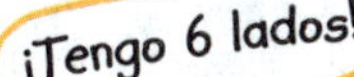

Camino al campo de fútbol del parque

¡Y yo tengo 5!

1 Comprende

Subraya lo que sabes. Encierra en un círculo lo que debes hallar.

2 Planea

¿Cómo resolveré el problema?

3 Resuelve

Voy a dibujar un diagrama.

Lily dibujó un ______________.

4 Comprueba

¿Es razonable mi respuesta? ¿Por qué?

Practica la estrategia

Marcy dibujó una figura. La figura tiene 5 lados y 5 ángulos. ¿Qué figura dibujó?

1 Comprende Subraya lo que sabes. Encierra en un círculo lo que debes hallar.

2 Planea ¿Cómo resolveré el problema?

3 Resuelve Voy a...

Marcy dibujó un ____________

4 Comprueba ¿Es razonable mi respuesta? ¿Por qué?

Nombre

CCSS

Aplica la estrategia

1. Si una figura tiene 3 lados y 3 ángulos, ¿qué figura es? Dibújala.

un ______________________

2. Alex dibuja un triángulo. Samuel dibuja una figura que tiene 1 lado más que un triángulo. ¿Qué figura dibujó Samuel? Dibújala.

____

3. Jason dibujó una figura que tiene más lados que un triángulo o un rectángulo, pero menos ángulos que un hexágono. ¿Qué figura dibujó? Dibújala.

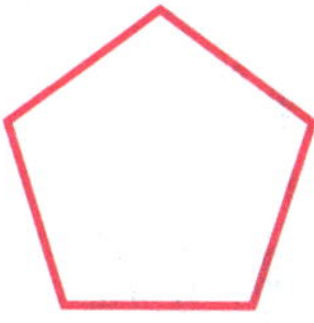

un ______________________

Repasa las estrategias

Escoge una estrategia

- Escribir un enunciado numérico.
- Dibujar un diagrama.
- Usar razonamiento lógico.

4. Samuel vio una figura bidimensional. La figura tiene 6 lados y 6 ángulos. Dos de los lados son más largos que los otros. ¿Qué figura vio Samuel?

un ___________

5. La señal que está puesta al final de la calle donde vive David es una figura bidimensional. Tiene 4 lados y 4 ángulos. Todos los lados tienen la misma longitud. ¿Qué figura es la señal?

un ___________

6. Jason estaba dibujando figuras con tiza en el parque. Dibujó 3 triángulos y 2 cuadrados. ¿Cuántos ángulos dibujó?

___________ ángulos

Nombre ....

Mi tarea

Lección 3
Resolución de problemas: Dibujar un diagrama

Jacob estaba buscando figuras en las estrellas. Encontró una de 4 lados de igual longitud y 4 ángulos. ¿Qué figura vio Jacob en las estrellas?

1 Comprende Subraya lo que sabes. Encierra en un círculo lo que debes hallar.

2 Planea ¿Cómo resolveré el problema?

3 Resuelve Voy a dibujar un diagrama.

Jacob vio un cuadrado.

4 Comprueba ¿Es razonable mi respuesta? ¿Por qué?

Subraya lo que sabes. Encierra en un círculo lo que debes hallar. Dibuja un diagrama para resolver.

1. Maggie dibujó una casa. En la parte inferior dibujó un cuadrado. Dibujó un triángulo encima del cuadrado para el techo. Dibuja el exterior de la casa. ¿Qué figura es la casa de Maggie? Dibújala.

un ____________

2. Billy vio una señal mientras caminaba por el parque. La señal no tenía lados ni ángulos. ¿Qué figura es la señal?

un ____________

3. Lorenzo pintó una figura que tiene 4 lados y 4 ángulos. ¿Qué tipo de figura pintó?

Las mates en casa Descríbale una figura a su niño o niña. Pídale que dibuje e identifique la figura.

Nombre

Compruebo mi progreso

Comprobación del vocabulario

Completa las oraciones.

ángulo	**hexágono**	**pentágono**
lado	**triángulo**	**figura bidimensional**

1. Un ______________________ tiene 5 lados y 5 ángulos.
2. Un ______________________ tiene 3 lados y 3 ángulos.
3. Un ______________________ tiene 6 lados y 6 ángulos.

Comprobación del concepto

Encierra en un círculo la figura o las figuras que corresponden al nombre.

4. triángulo

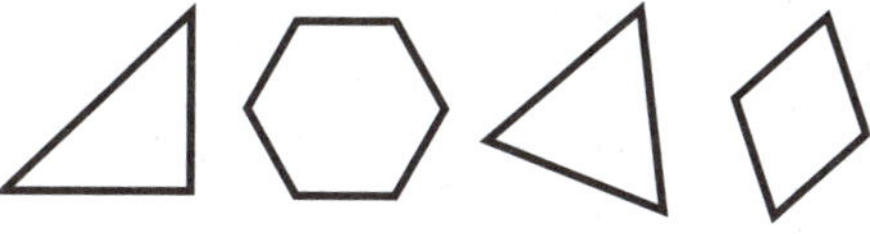

5. pentágono

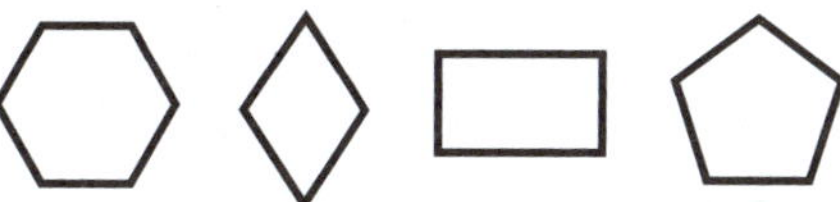

6. hexágono

7. cuadrilátero

Escribe el nombre de la figura. Luego, encierra en un círculo las figuras que le corresponden.

8.  ________________

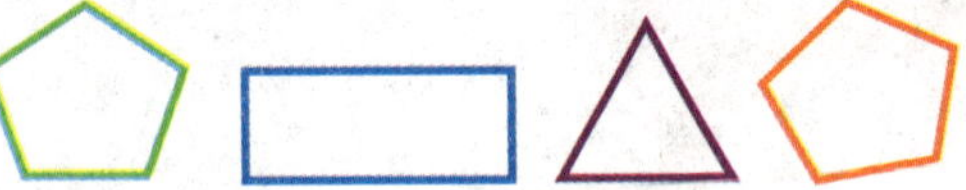

9.  ________________

Escribe la cantidad de lados y ángulos.

10. 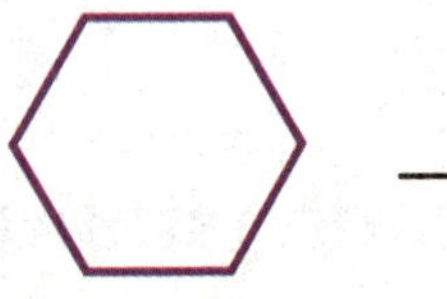

_____ lados

_____ ángulos

11. 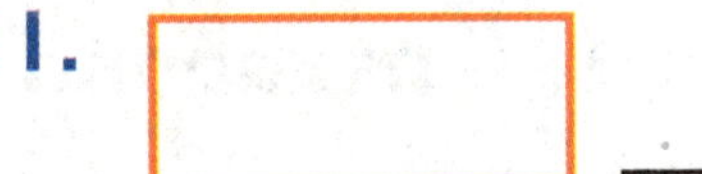

_____ lados

_____ ángulos

12. 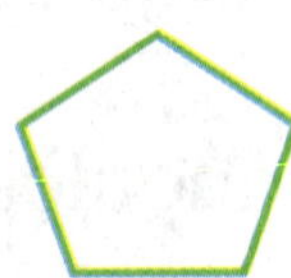

_____ lados

_____ ángulos

13. 

_____ lados

_____ ángulos

Práctica para la prueba

14. Observa las figuras. Marca la figura que no pertenece.

 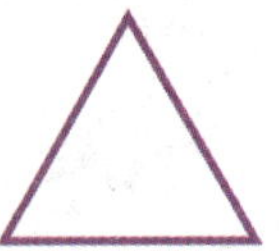  

   ○

Nombre ....

Figuras tridimensionales

Lección 4

PREGUNTA IMPORTANTE
¿Cómo uso figuras y partes iguales?

Explorar y explicar

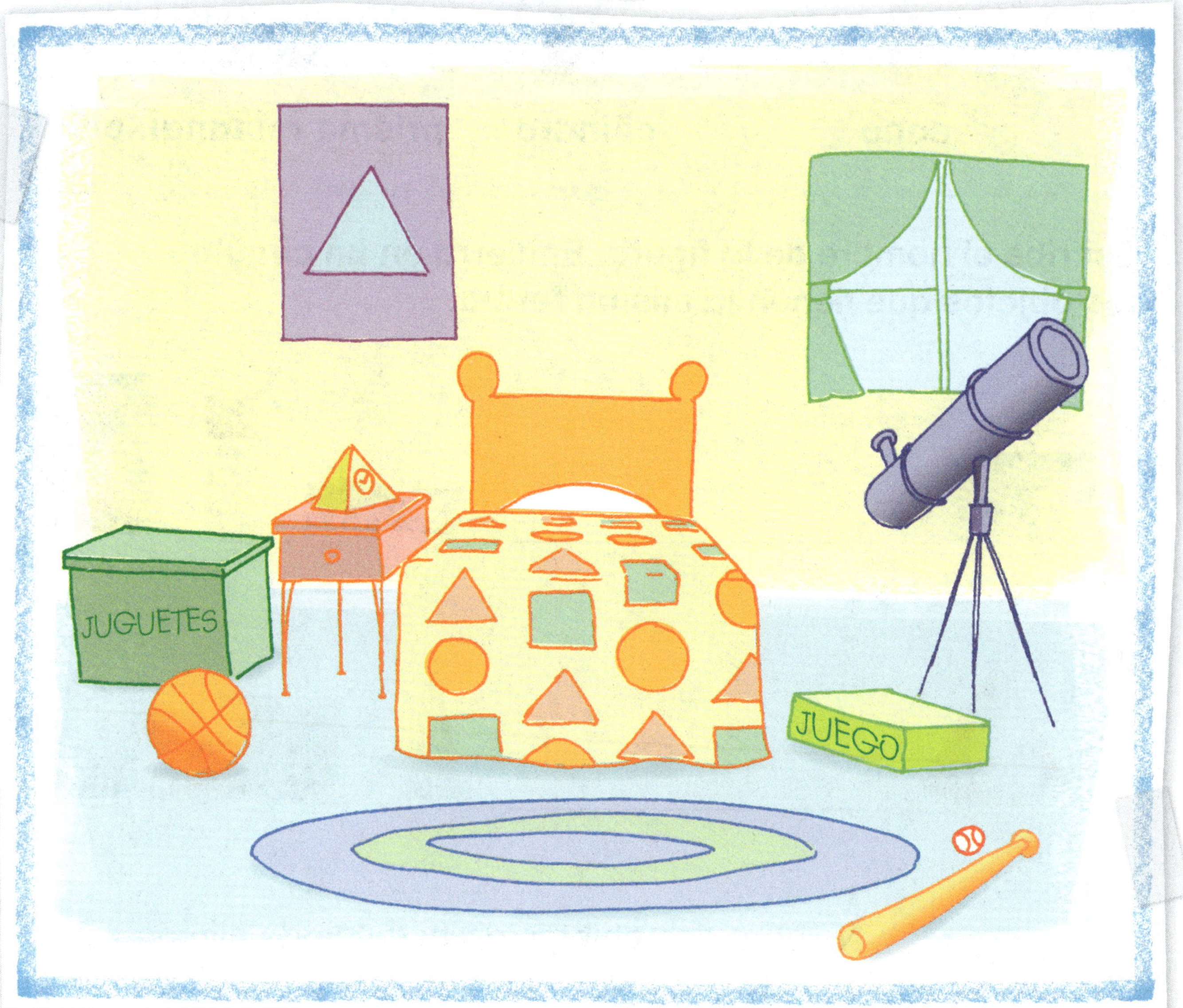

Instrucciones para el maestro: Pida a los estudiantes que observen la ilustración. Diga: *Encierren en un círculo las figuras tridimensionales que vean. Identifiquen y describan cada figura.*

Ver y mostrar

Una **figura tridimensional** es una figura que tiene largo, ancho y alto.

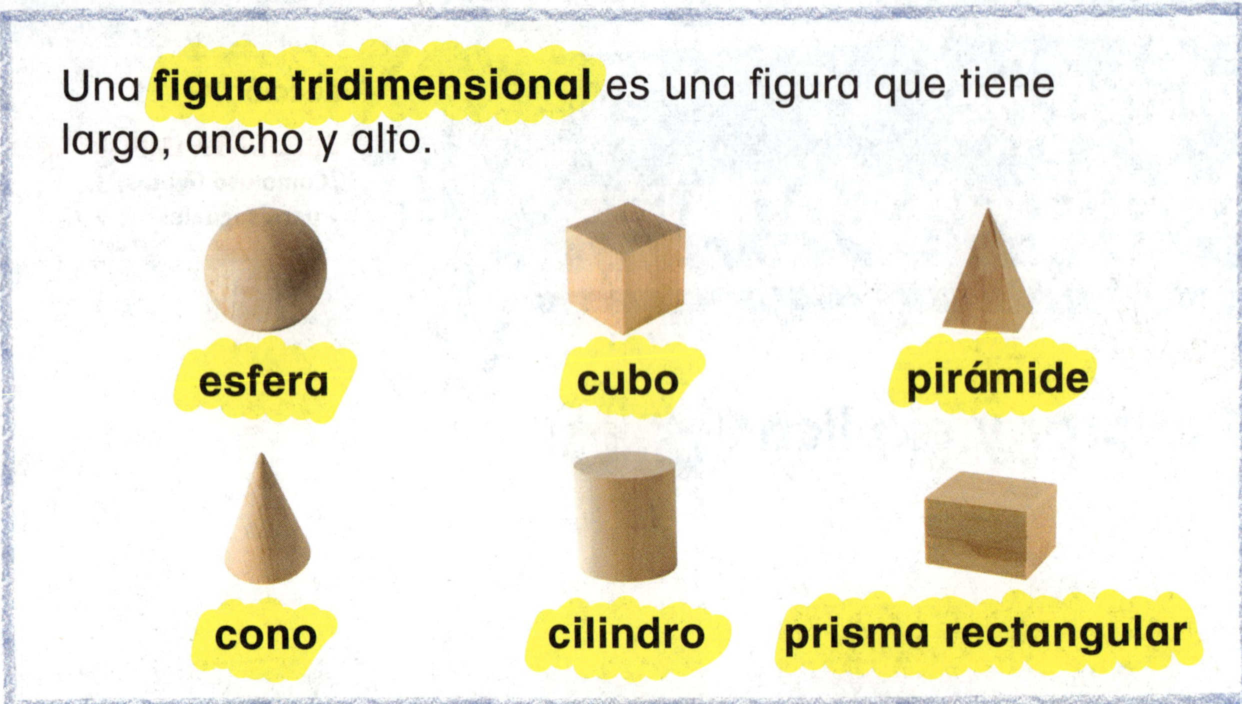

Escribe el nombre de la figura. Encierra en un círculo los objetos que tienen la misma forma.

1.

____

2.

____

Nombra dos objetos de tu salón de clases que tengan la misma forma de un prisma rectangular.

Nombre ____________________

¡Mi esfera favorita!

CCSS

Por mi cuenta

Escribe el nombre de la figura. Encierra en un círculo los objetos que tienen la misma forma.

3.  ____________________

4. 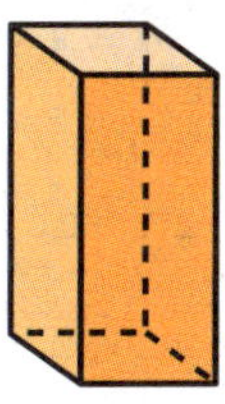 ____________________

5. 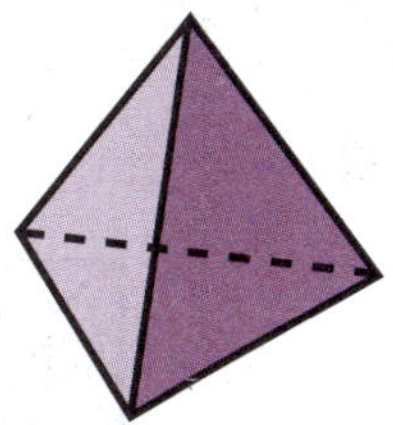 ____________________

6. 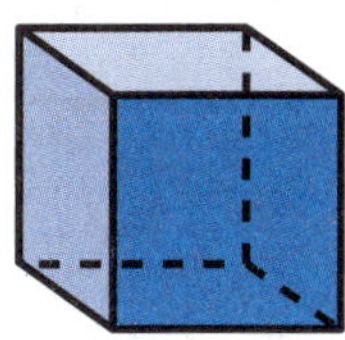 ____________________

7.  ____________________

Resolución de problemas

8. Ana está envolviendo un regalo que está en una caja. La caja es cuadrada en todos los lados. ¿Qué figura es la caja que está envolviendo Ana?

un ____________________

9. Soy una figura tridimensional. En la parte inferior tengo un círculo. En la parte superior tengo un punto. ¿Qué figura soy?

un ____________________

10. Si apilas dos cubos, ¿qué figura tridimensional formarás?

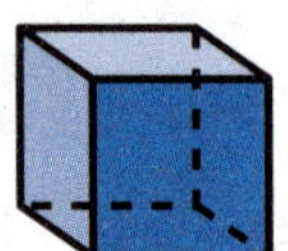

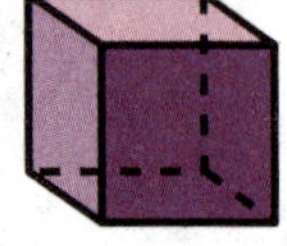

un ____________________

Las mates en palabras ¿Cómo puedes distinguir si una figura es tridimensional?

____

____

____

Nombre ....

Mi tarea

Lección 4
Figuras tridimensionales

Asistente de tareas

¿Necesitas ayuda? connectED.mcgraw-hill.com

Una figura tridimensional tiene largo, ancho y alto.

esfera

cubo

pirámide

cono

cilindro

prisma rectangular

Práctica

Escribe el nombre de la figura. Encierra en un círculo los objetos que tienen la misma forma.

1. 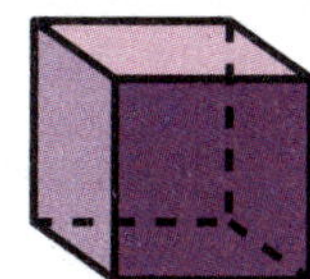

____

2. 

____

3. 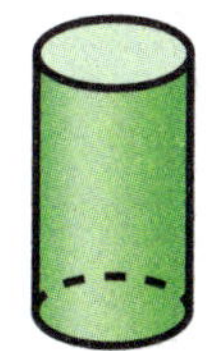

____

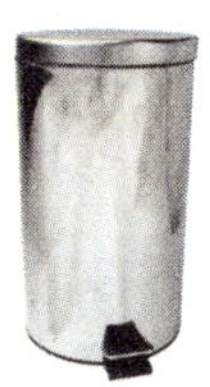

Escribe el nombre de la figura. Encierra en un círculo los objetos que tienen la misma forma.

4.  ____________________  

5. 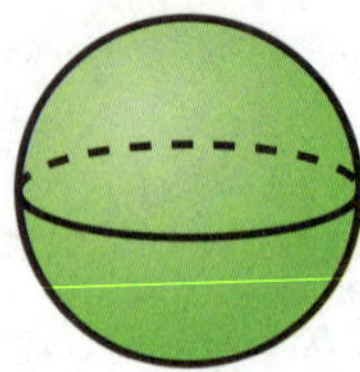 ____________________   

6. Tengo 6 superficies. Dos de mis superficies son más pequeñas que el resto. Me puedo sostener parado. ¿Qué figura soy?

____

Comprobación del vocabulario

Traza líneas para relacionar.

7. **cilindro** 

8. **prisma rectangular** 

9. **cubo** 

10. **cono** 

Las mates en casa Pida a su niño o niña que identifique objetos del hogar que correspondan a las figuras aprendidas en esta lección.

Nombre ______________________

Caras, aristas y vértices

Lección 5

PREGUNTA IMPORTANTE
¿Cómo uso figuras y partes iguales?

Explorar y explicar

7 11 10 4 3 8 9 6 5 1 2

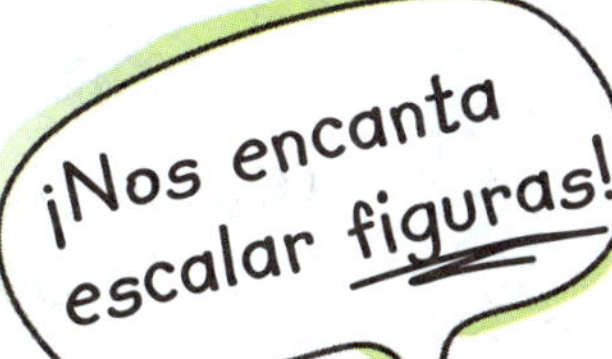

La figura es un ____________.

Instrucciones para el maestro: Pida a los estudiantes que empiecen por el número 1. Diga: *Unan los puntos en orden numérico. Escriban el nombre de la figura que dibujaron.*

Ver y mostrar

Puedes describir figuras tridimensionales por el número de caras, aristas y vértices.

arista → cara → vértice

Una **cara** es una superficie plana.

Una **arista** es donde se encuentran 2 caras.

Un **vértice** es donde se encuentran 3 o más caras.

Usa figuras tridimensionales. Cuenta las caras, las aristas y los vértices.

	Figura	Caras	Aristas	Vértices
1.	cubo	____	____	____
2.	prisma rectangular	____	____	____
3.	pirámide	____	____	____
4.	esfera	____	____	____

¿Qué figura tiene 6 caras iguales? ¿Cómo lo sabes?

Nombre

Por mi cuenta

Encierra en un círculo las figuras que corresponden a la descripción.

5. 0 caras, 0 aristas, 0 vértices

 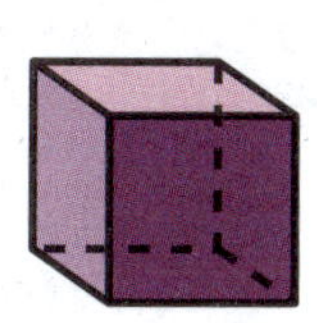 

6. 6 caras, 12 aristas, 8 vértices

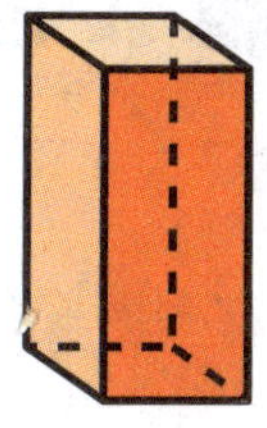  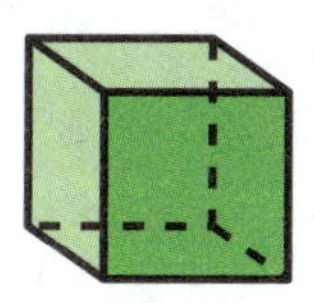

7. 5 caras, 8 aristas, 5 vértices

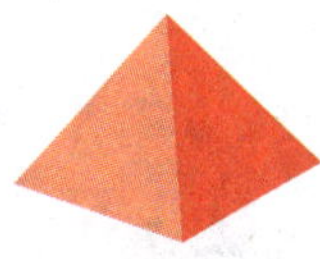 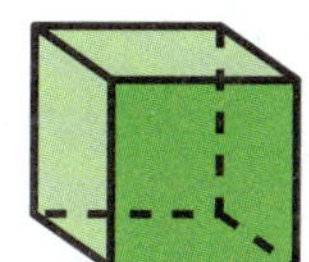 

8. 6 caras iguales, 12 aristas, 8 vértices

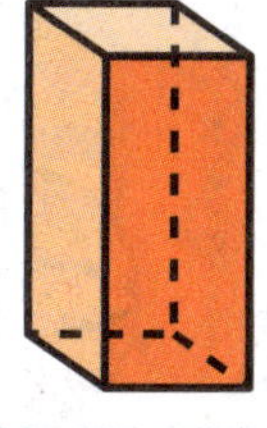 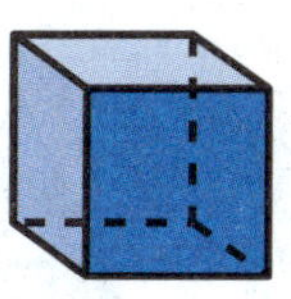 

Encierra en un círculo los objetos que corresponden a la descripción.

9. 6 caras, 12 aristas, 8 vértices

10. 0 caras, 0 aristas, 0 vértices

11. 6 caras, 12 aristas, 8 vértices

12. 5 caras, 8 aristas, 5 vértices

Resolución de problemas

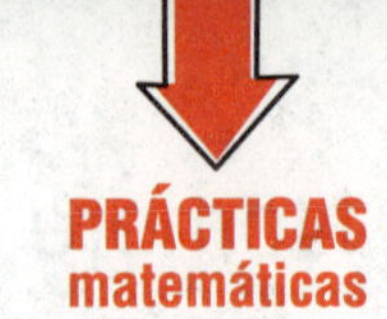

13. Mario dibujó las siguientes tres figuras. Encierra en un círculo la figura que tiene 6 caras y 12 aristas.

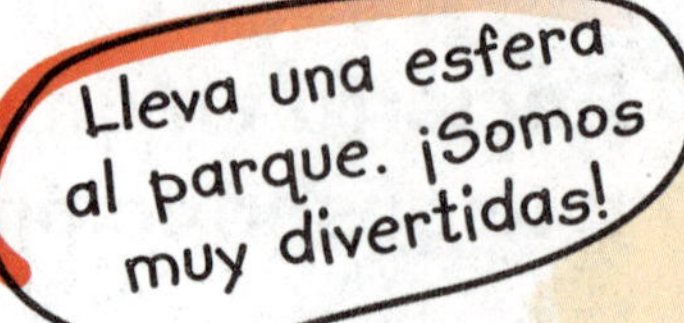

 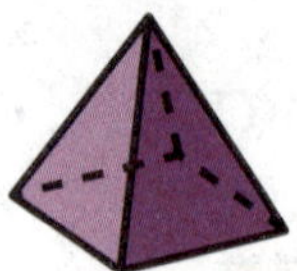 

14. Jane tiene un cartel. El cartel muestra todas las figuras que tienen menos de tres caras. Encierra en un círculo la figura que no está en el cartel.

   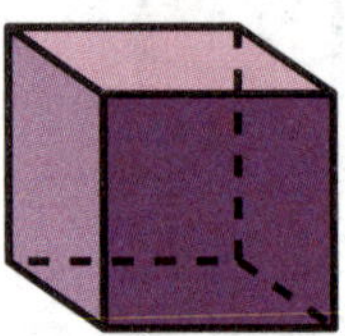

Problema S.O.S. ¿Cuál figura no pertenece? Enciérrala en un círculo. Explica por qué no pertenece.

 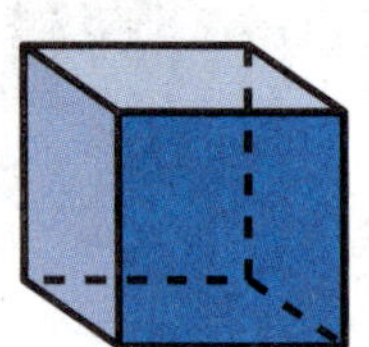  

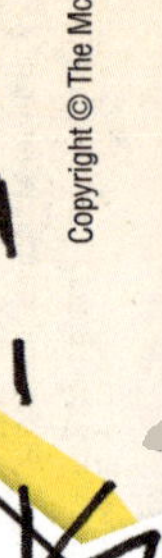

____

____

____

Nombre

Mi tarea

Lección 5
Caras, aristas y vértices

Asistente de tareas

¿Necesitas ayuda? connectED.mcgraw-hill.com

Las figuras tridimensionales se describen por el número de caras, aristas y vértices.

arista
cara
vértice

Una cara es una superficie plana.

Una arista es donde se encuentran 2 caras.

Un vértice es donde se encuentran 3 o más caras.

Práctica

Encierra en un círculo las figuras u objetos que corresponden a la descripción.

1. 6 caras, 12 aristas, 8 vértices

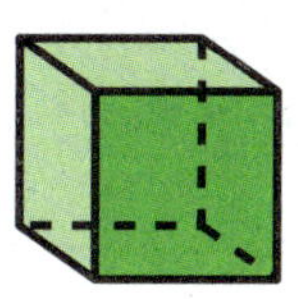

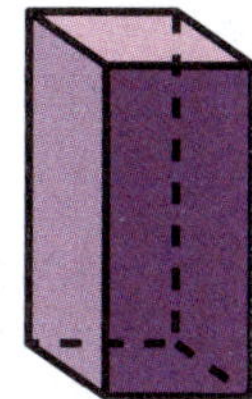

2. 0 caras, 0 aristas, 0 vértices

3. 5 caras, 8 aristas, 5 vértices

4. 6 caras, 12 aristas, 8 vértices

Encierra en un círculo los objetos que corresponden a las descripciones.

5. 6 caras, 12 aristas, 8 vértices

6. 0 caras, 0 aristas, 0 vértices

7. Soy una figura tridimensional.
Tengo 5 caras, 8 aristas y 5 vértices.
¿Qué figura soy?

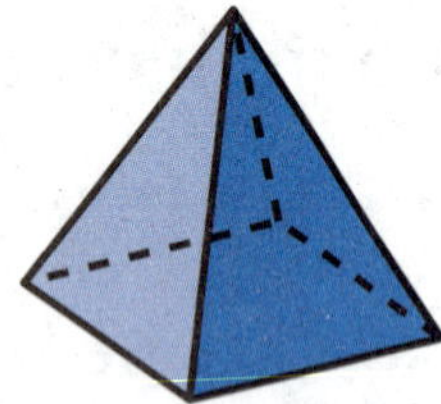

Comprobación del vocabulario

Vocabulario

Completa las oraciones.

cara **arista** **vértice**

8. Una __________ es una superficie plana.

9. Un __________ es donde se encuentran 3 o más caras.

10. Una __________ es donde se encuentran 2 caras.

Las mates en casa Pida a su niño o niña que identifique objetos domésticos de la vida real que tengan la misma forma de una de las figuras aprendidas en esta lección.

Nombre ....

Relacionar figuras y sólidos

Lección 6

PREGUNTA IMPORTANTE
¿Cómo uso figuras y partes iguales?

Explorar y explicar

¡Cubos exquisitos!

Instrucciones para el maestro: Pida a los estudiantes que dibujen la cara de un cubo. Diga: *Identifiquen la figura. Dibujen las otras caras del cubo. Describan las caras de un cubo.*

Ver y mostrar

Pista

Un cubo tiene 6 caras iguales. Las caras son cuadrados.

Las caras de las figuras tridimensionales son figuras bidimensionales.

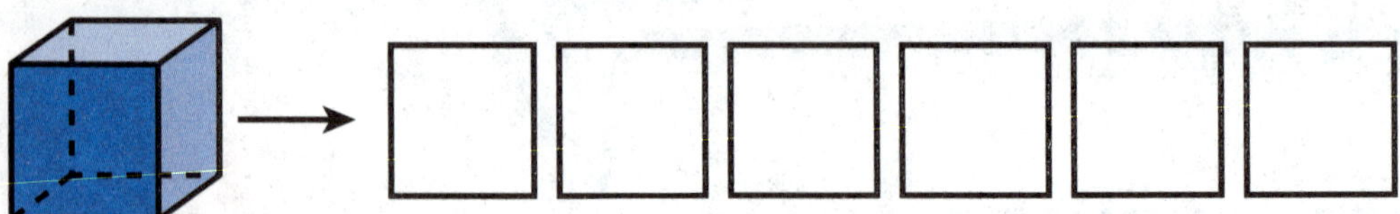

Encierra en un círculo las caras que forman la figura.

1. 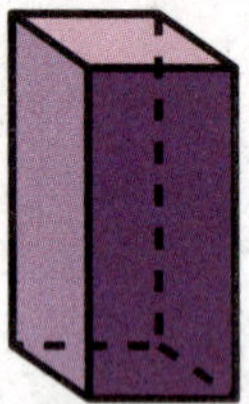 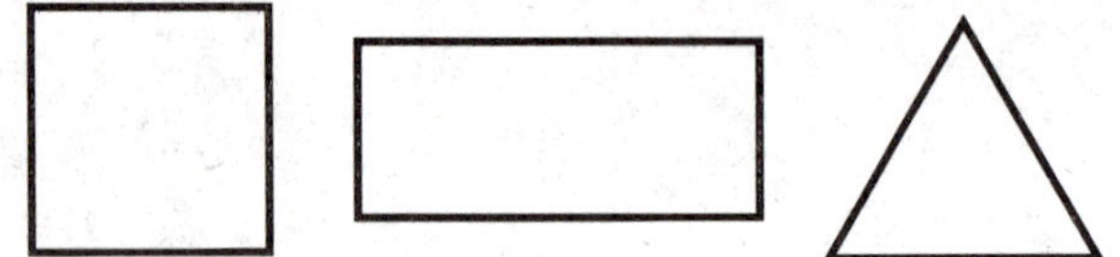

2.  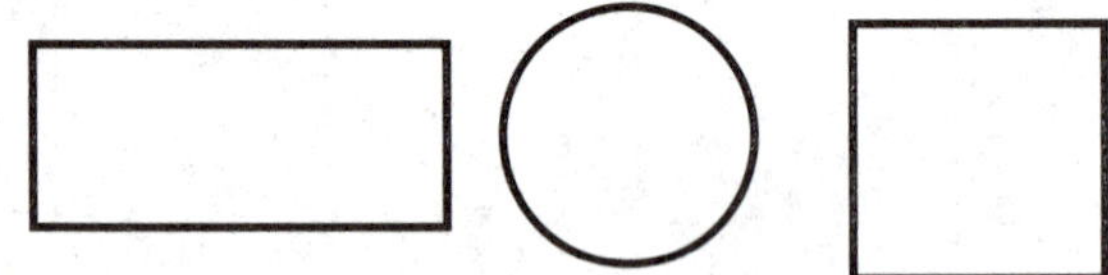

3.  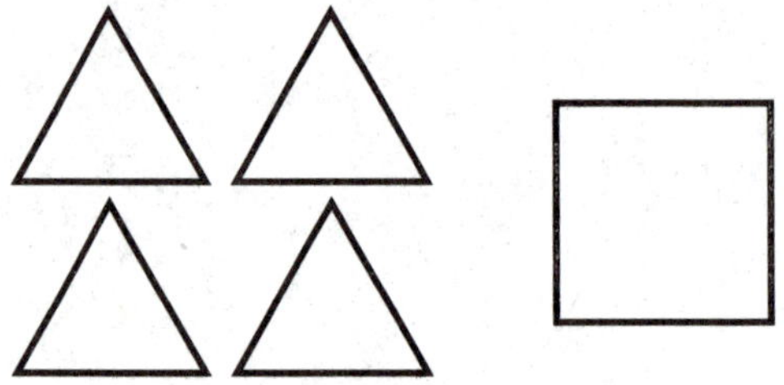

Explica en qué se relacionan las figuras bidimensionales y tridimensionales.

Nombre ....

Por mi cuenta

Encierra en un círculo las caras que forman la figura.

4. 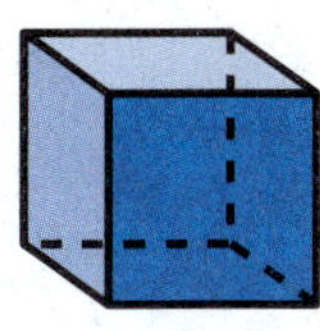

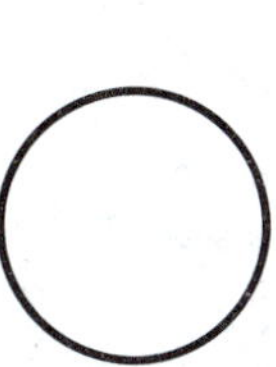 

5. 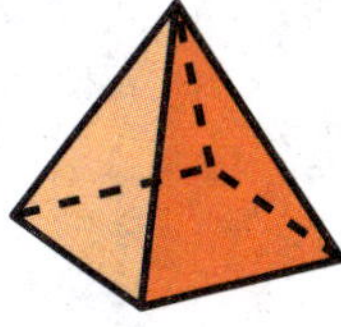

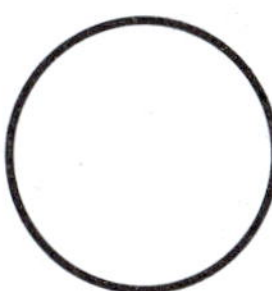 

Encierra en un círculo la figura que forman las caras.

6. 

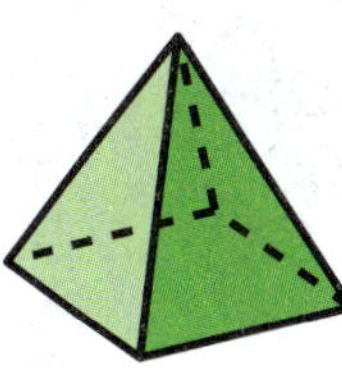 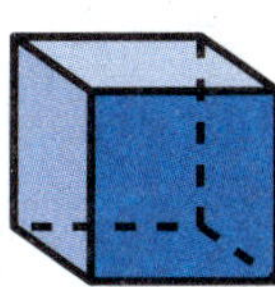

7. 

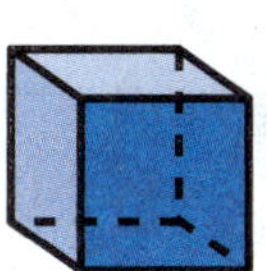 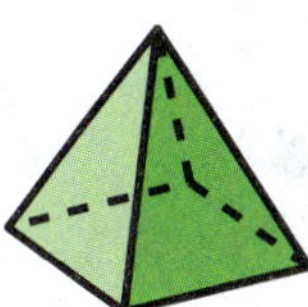 

8. ¿Cuál de estas figuras no tiene un cuadrado como una de sus caras?

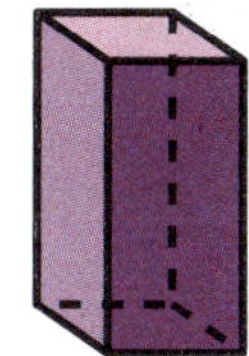   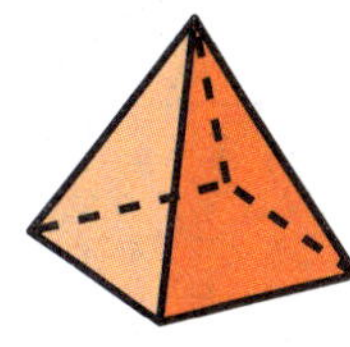

Resolución de problemas

9. Tengo 6 caras iguales. Tengo 8 vértices.
¿Qué figura soy?

un ____________________

10. No tengo caras ni vértices.
¿Qué figura soy?

una ____________________

11. Allison quiere dibujar un círculo.
¿Cuáles objetos podría usar?
Encierra en un círculo los objetos.

Las mates en palabras Describe las caras que forman una pirámide.

____

____

____

Nombre ....

Mi tarea

Lección 6
Relacionar figuras y sólidos

Asistente de tareas

¿Necesitas ayuda? connectED.mcgraw-hill.com

Las caras de las figuras tridimensionales son figuras bidimensionales.

Pista
Un prisma rectangular tiene 4 rectángulos y 2 cuadrados como caras.

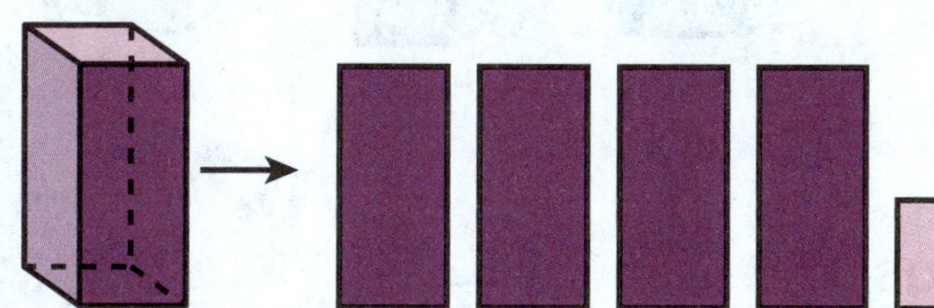

Práctica

Encierra en un círculo las caras que forman la figura.

1. 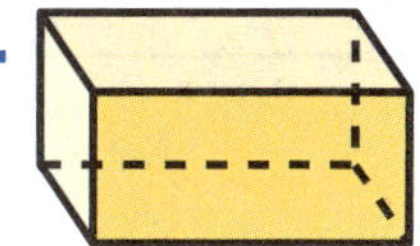  

2. 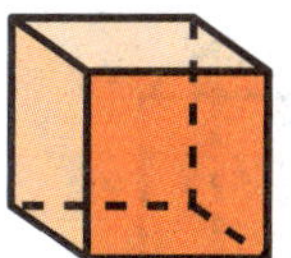   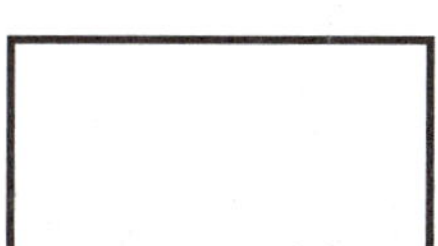

3. 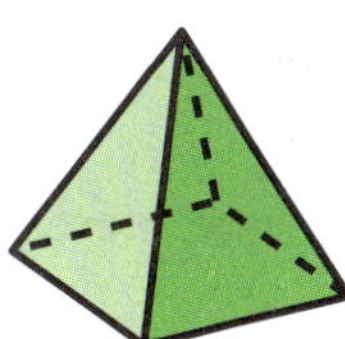   

Encierra en un círculo la figura que forman las caras.

4. 

 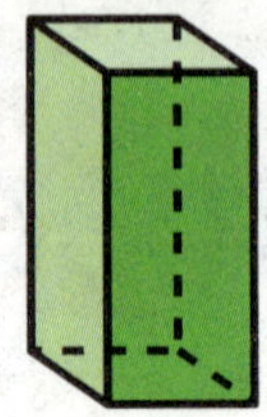 

5. 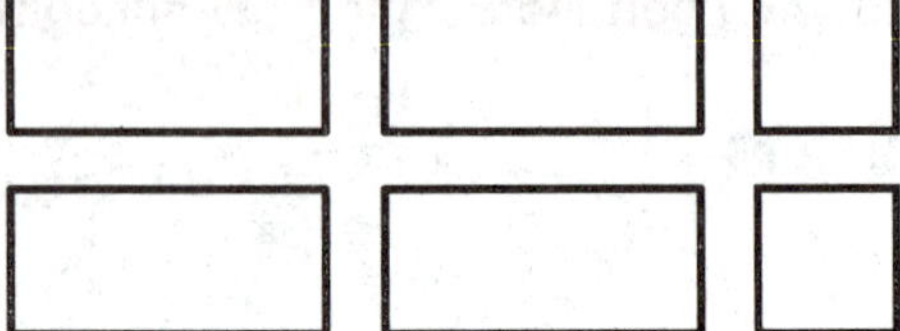

 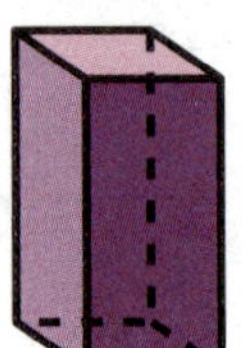 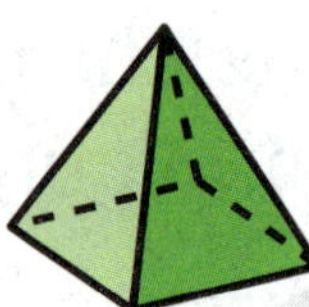

6. Si pones juntas estas figuras, ¿qué figura tridimensional podrías formar? Escribe el nombre de la figura.

  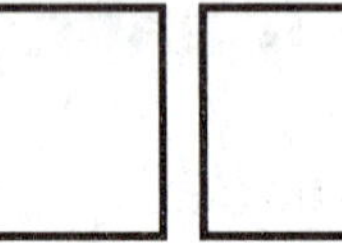  

un ____________

Práctica para la prueba

7. Identifica la figura que no pertenece.

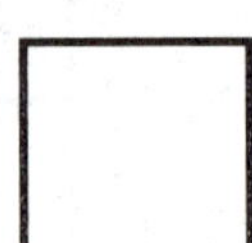 

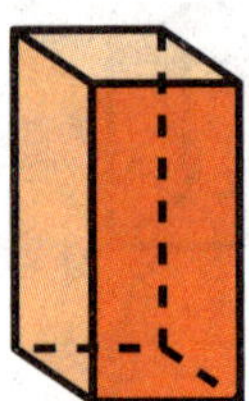 

Las mates en casa Pida a su niño o niña que busque en la casa un objeto con el cual pueda dibujar un rectángulo en un pedazo de papel. Póngale como reto encontrar algo con lo que pueda trazar un círculo.

Nombre

Mitades, tercios y cuartos

Lección 7

PREGUNTA IMPORTANTE
¿Cómo uso figuras y partes iguales?

Explorar y explicar

¡Pícnic!

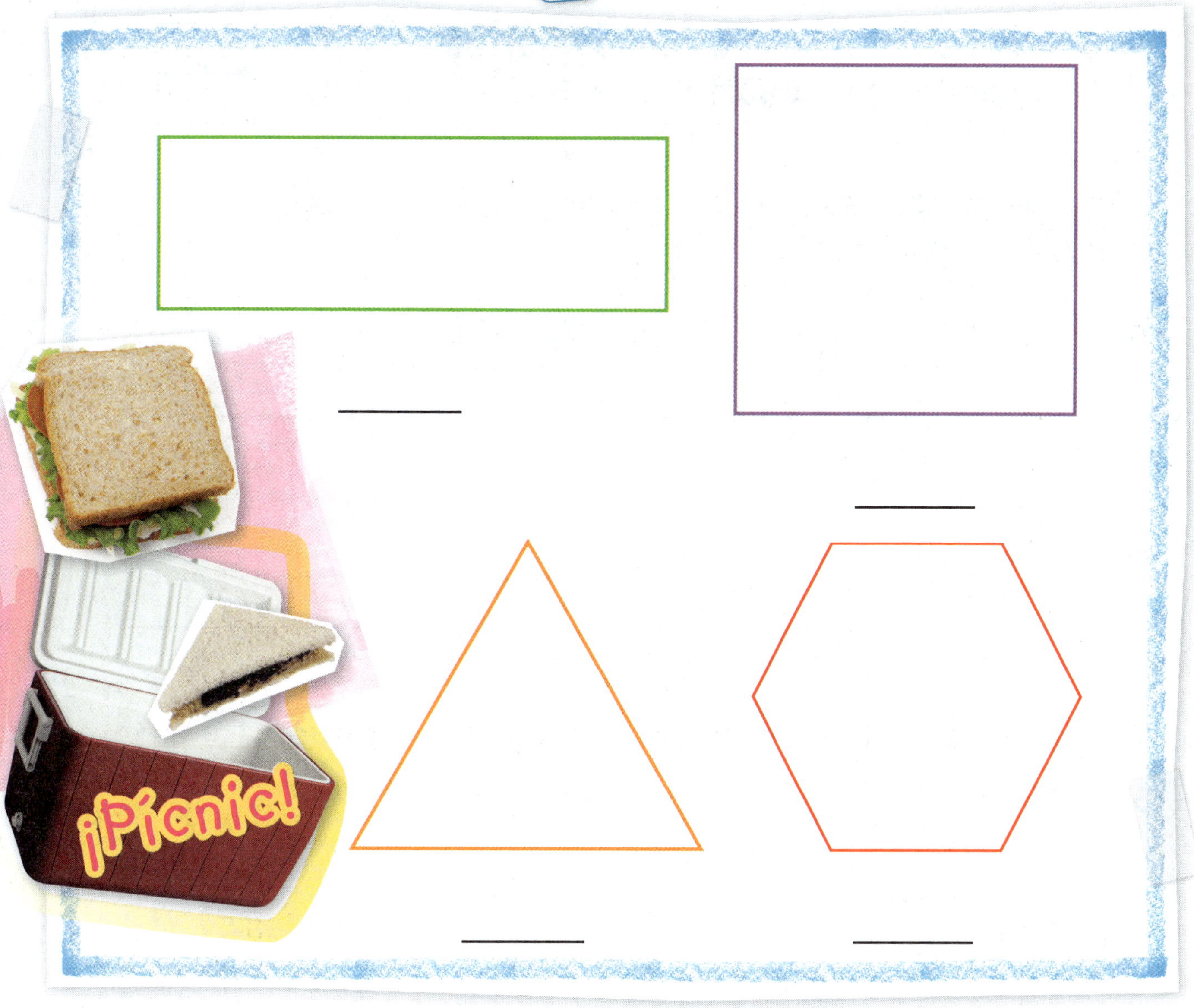

Instrucciones para el maestro: Pida a los estudiantes que usen bloques de patrones de cuadrados, triángulos y trapecios para cubrir las figuras. Diga: *Tracen los bloques para mostrar las figuras que usaron. Escriban cuántos bloques usaron para cubrir las figuras.*

Ver y mostrar

PRÁCTICAS matemáticas

Puedes hacer una **partición**, o separar figuras en partes iguales.

Dos partes iguales o dos **mitades**.
Cada parte es la **mitad** del entero.

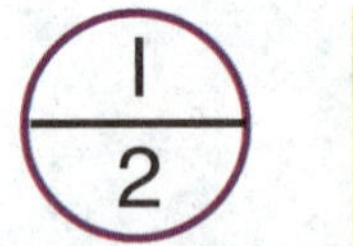

Tres partes iguales o tres **tercios**.
Cada parte es un **tercio** del entero.

Cuatro partes iguales o cuatro **cuartos**.
Cada parte es un **cuarto** del entero.

Describe las partes iguales. Escribe *dos mitades, tres tercios* o *cuatro cuartos*.

1.  ____________

2.  ____________

3.  ____________

4.  ____________

Traza líneas para hacer la partición de las figuras.

5. 
2 partes iguales

6. 
4 partes iguales

Explica cómo puedes dividir un pastel para que cada una de cuatro personas reciba una parte igual.

Nombre

Por mi cuenta

Describe las partes iguales. Escribe *dos mitades*, *tres tercios* o *cuatro cuartos*.

7. ______________

8. ______________

Traza líneas para hacer la partición de las figuras.

9. 4 partes iguales

10. 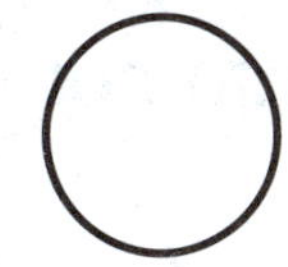

2 partes iguales

11. 

3 partes iguales

12. 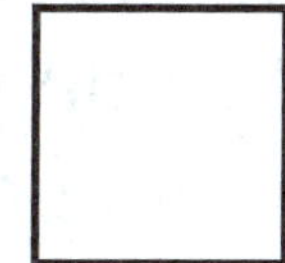

2 partes iguales

Haz la partición de la figura de una manera diferente. Muestra la misma cantidad de partes iguales.

13. 

14. 

15. 

16. 

Resolución de problemas

PRÁCTICAS matemáticas

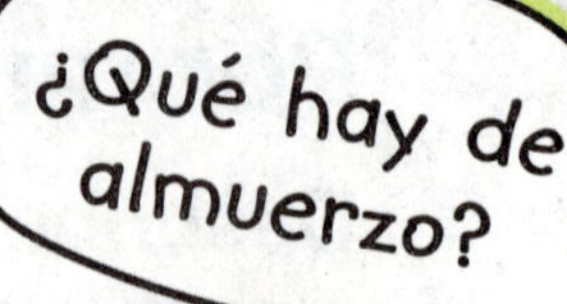

17. La mamá de Eva compró una pizza. Eva comió una parte igual. Su amiga comió una parte igual. Quedó una parte igual para la mamá de Eva. ¿Cuánto quedó de la pizza para la mamá de Eva?

_____________ de la pizza

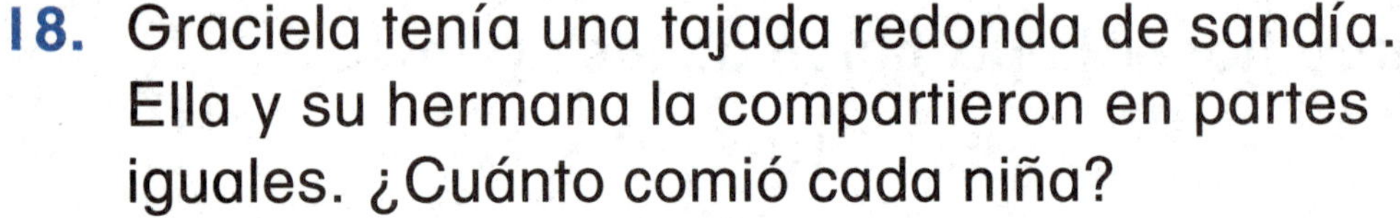

18. Graciela tenía una tajada redonda de sandía. Ella y su hermana la compartieron en partes iguales. ¿Cuánto comió cada niña?

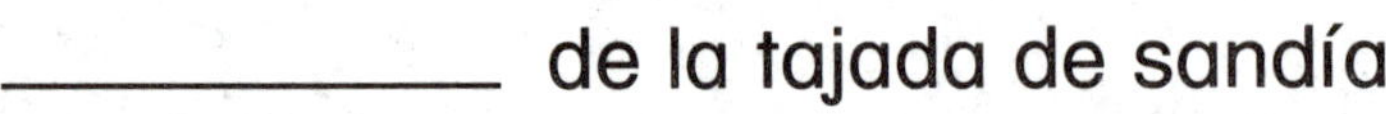

_____________ de la tajada de sandía

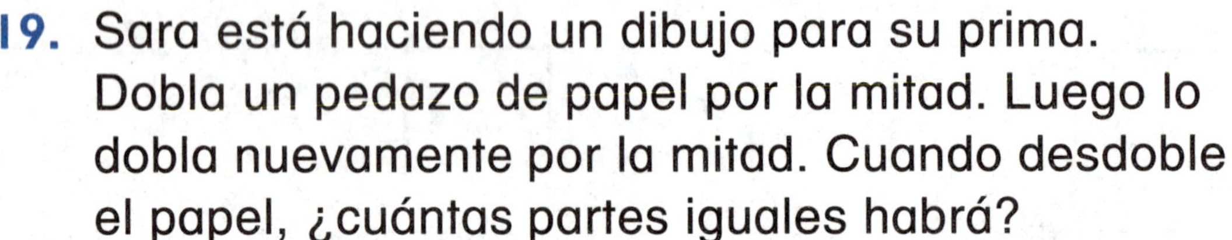

19. Sara está haciendo un dibujo para su prima. Dobla un pedazo de papel por la mitad. Luego lo dobla nuevamente por la mitad. Cuando desdoble el papel, ¿cuántas partes iguales habrá?

____

Problema S.O.S. Muestra la misma cantidad de partes iguales de dos maneras diferentes.

____

____

____

Nombre

Mi tarea

Lección 7
Mitades, tercios y cuartos

Asistente de tareas

¿Necesitas ayuda? connectED.mcgraw-hill.com

Puedes hacer una partición, o separar figuras en partes iguales.

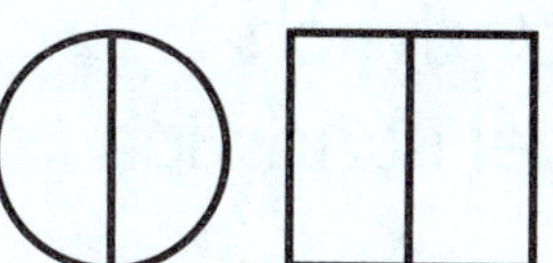
mitades

tercios

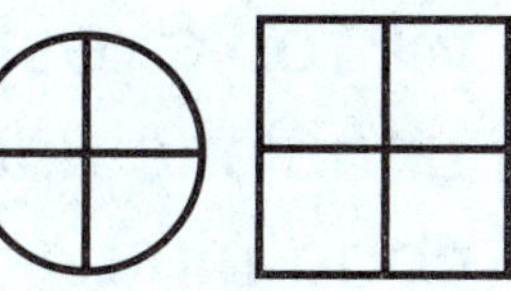
cuartos

Práctica

Describe las partes iguales. Escribe *dos mitades, tres tercios* o *cuatro cuartos.*

1. 
____

2. 
____

3. 
____

4. 
____

Traza líneas para hacer la partición de las figuras.

5. 3 partes iguales

6. 2 partes iguales

7. 4 partes iguales

¡Compartir mitades es divertido!

8. Nora y Brooke están compartiendo un sándwich. Cada una tiene una parte igual. ¿Cuánto del sándwich tiene cada niña?

_______________ del sándwich

Haz la partición de la figura de una manera diferente. Muestra la misma cantidad de partes iguales.

9.

10.

Comprobación del vocabulario

Vocabulario abc

Colorea las figuras como se describen.

11. **una mitad** verde

12. **un cuarto** azul

13. **un tercio** rojo

Las mates en casa Corte la comida de su niño o niña en mitades, tercios o cuartos. Pídale que identifique cuántas partes iguales ha formado usted.

Nombre

Área

Lección 8

PREGUNTA IMPORTANTE
¿Cómo uso figuras y partes iguales?

Explorar y explicar

Instrucciones para el maestro: Pida a los estudiantes que usen fichas de colores para cubrir las figuras. Diga: *Tracen líneas para mostrar cómo encajan los cuadrados para formar la figura. Escriban cuántas fichas usaron.*

Ver y mostrar

Se puede hacer una partición de los rectángulos en cuadrados de igual tamaño. Puedes contar los cuadrados para describir su tamaño.

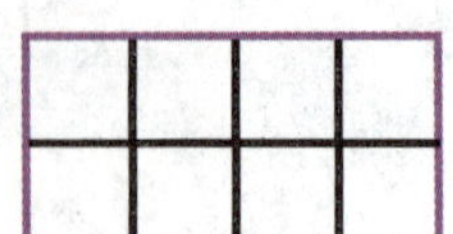

cuadrados

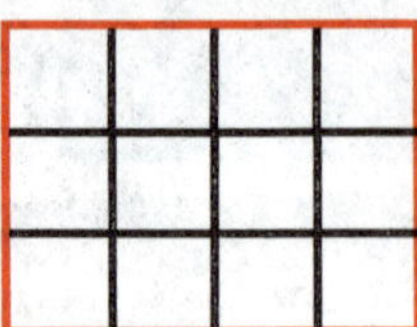

12 cuadrados

Cuenta los cuadrados. Escribe cuántos cuadrados forman los rectángulos.

1. 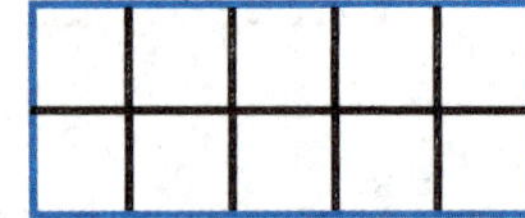

_____ cuadrados

2. 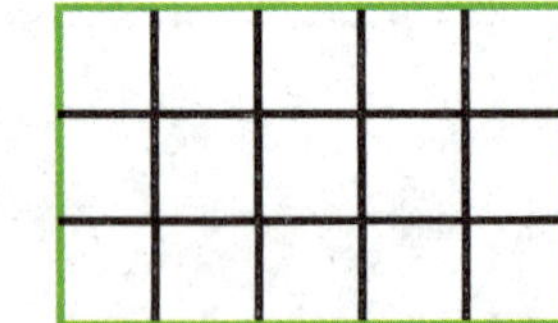

_____ cuadrados

3. 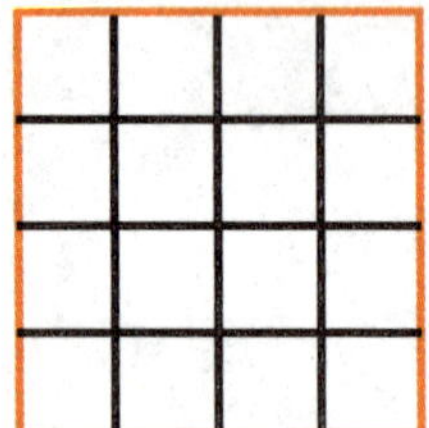

_____ cuadrados

4. 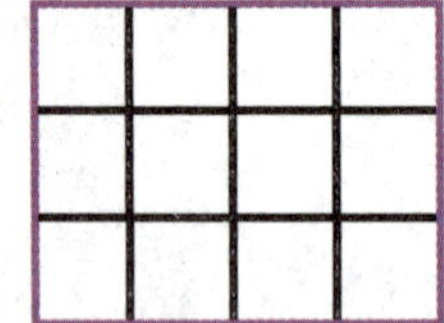

_____ cuadrados

5. 

_____ cuadrados

6. 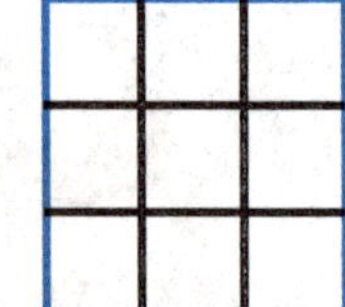

_____ cuadrados

Explica cómo harías la partición de un rectángulo en 6 cuadrados de igual tamaño.

Nombre

CCSS

Por mi cuenta

Cuenta los cuadrados.
Escribe cuántos cuadrados forman los rectángulos.

7. 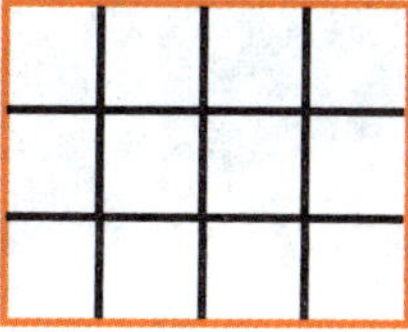

_____ cuadrados

8. 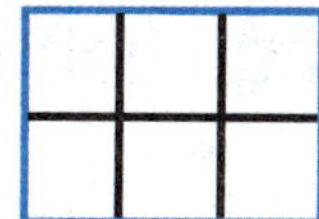

_____ cuadrados

Usa fichas de colores para cubrir los rectángulos.
Escribe cuántas fichas se usaron.

Vamos amigos. ¡Entremos ahí!

9. 

_____ fichas

10.

_____ fichas

Resolución de problemas

PRÁCTICAS matemáticas

Haz un dibujo para resolver.

11. Alicia y Clara tienen cada una un grupo de fichas de dominó. Alicia coloca 4 fichas en cada fila. Hizo 5 filas. Clara coloca 5 fichas en cada fila. Hizo 3 filas. ¿Quién tiene más fichas de dominó?

____

12. Larry estaba colocando galletas en una bandeja. En la bandeja cabían 4 filas de galletas. En el plato había 16 galletas en total. ¿Cuántas galletas había en cada columna?

__________ galletas

Las mates en palabras Explica dos maneras de hacer la partición de un rectángulo en 4 partes iguales.

____

____

____

Nombre ....

Mi tarea

Lección 8
Área

Asistente de tareas

¿Necesitas ayuda? connectED.mcgraw-hill.com

Se puede hacer la partición de un rectángulo en cuadrados para describir su tamaño.

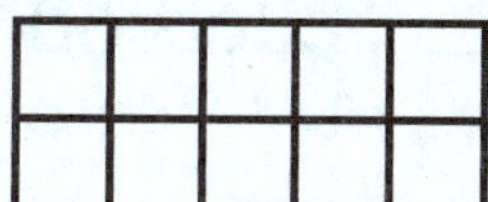

Se ha hecho la partición de este rectángulo en 10 cuadrados.

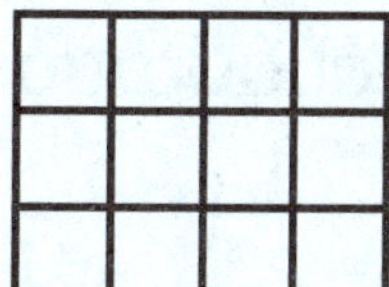

Se ha hecho la partición de este rectángulo en 12 cuadrados.

Práctica

Cuenta los cuadrados. Escribe cuántos cuadrados forman los rectángulos.

1. 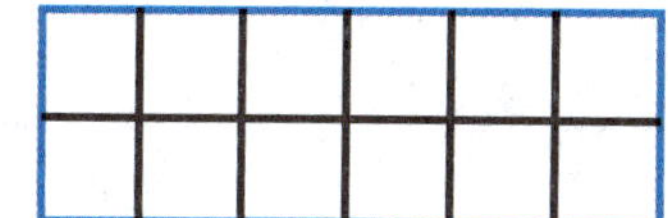

_______ cuadrados

2. 

_______ cuadrados

3. 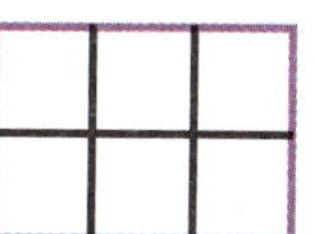

_______ cuadrados

4. 

_______ cuadrados

Cuenta los cuadrados. Escribe cuántos cuadrados forman los rectángulos.

5. 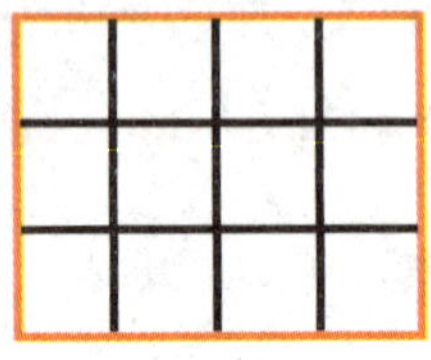

_______ cuadrados

6. 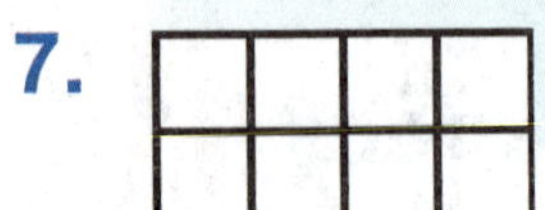

_______ cuadrados

7. _______ cuadrados

Haz un dibujo para resolver.

8. Ana está cortando un molde rectangular de *brownies*. Primero los corta por la mitad y luego corta cada una de estas mitades nuevamente por la mitad. Después hace lo mismo en la dirección contraria. ¿Cuántos *brownies* tiene Ana?

_______ *brownies*

Práctica para la prueba

9. Escoge el rectángulo de abajo que tiene la mayor cantidad de cuadrados.

 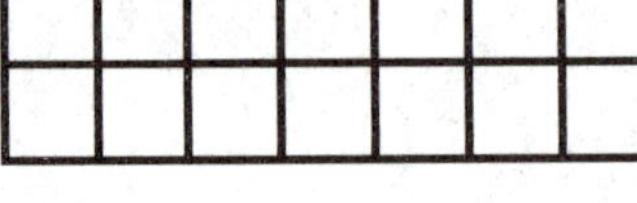 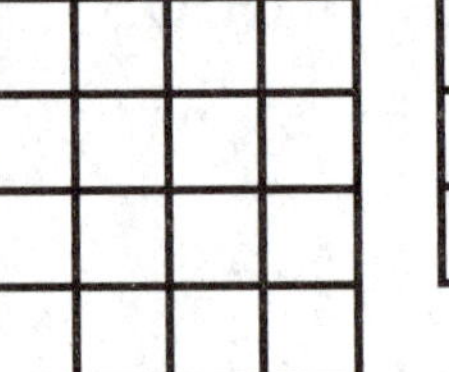 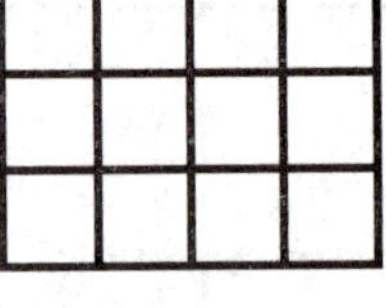

Las mates en casa Busque una oportunidad para pedirle a su niño o niña que lo ayude a decidir cómo cortar algo que usted va a servir; por ejemplo, una cazuela, *brownies*, un pastel o galletas de arroz. Decidan juntos cuántos pedazos iguales quieren y cómo cortarlos.

Nombre ....

Mi repaso

Capítulo 12
Figuras geométricas y partes iguales

Comprobación del vocabulario

Dibuja las figuras.

1. hexágono

2. cuadrilátero

Relaciona las palabras con la figura correcta.

3. **cono**

4. **pirámide**

5. **esfera**

6. **cubo**

7. **cilindro**

8. **prisma rectangular**

Comprobación del concepto 

Encierra en un círculo las figuras que corresponden al nombre.

9. rectángulo

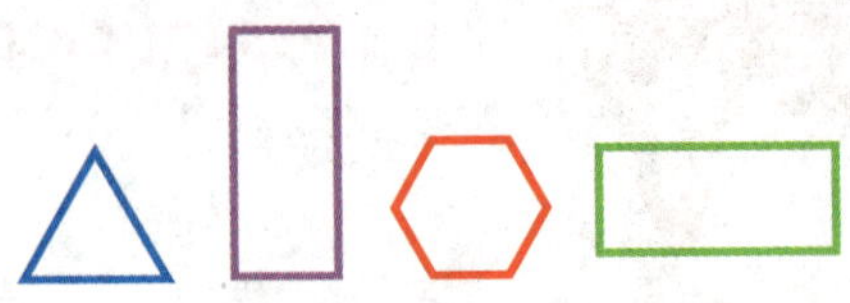

10. pentágono

Encierra en un círculo la figura que corresponde a la descripción.

11. 3 lados y 3 ángulos

12. 6 lados y 6 ángulos

  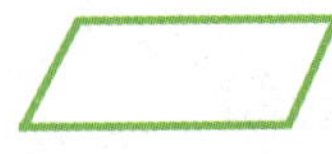

Escribe el nombre de la figura. Colorea las figuras que le corresponden.

13.  ____________________

  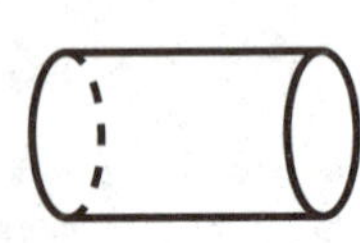

Encierra en un círculo el objeto que corresponde a la descripción.

14. 6 caras, 12 aristas, 8 vértices

CCSS

Nombre ....

Resolución de problemas

15. La familia de Carlos va a comer pizza. Hay cuatro personas en la familia. Traza líneas para mostrar cómo debería cortar la pizza la familia de Carlos de tal manera que cada uno reciba una parte igual.

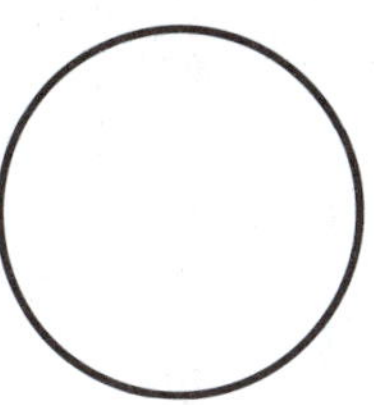

16. Jaime dibujó un rectángulo. Desea hacer la partición en cuadrados de igual tamaño. Él empieza a hacer la partición del rectángulo. Termina de hacer la partición de su rectángulo. Escribe la cantidad total de cuadrados.

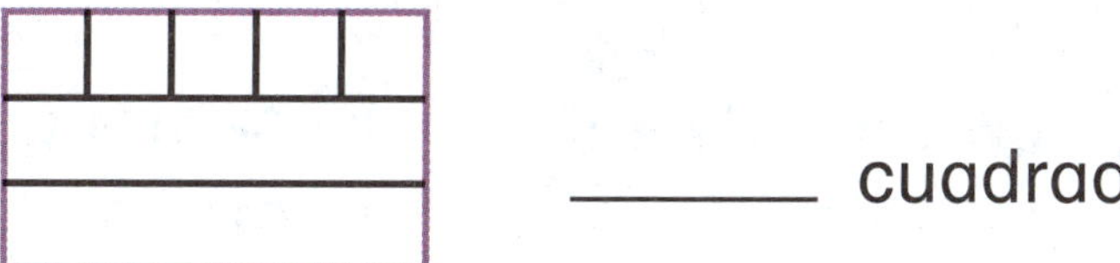

¡Es hora de almorzar!

Práctica para la prueba

17. Blake tiene un sándwich de mantequilla de cacahuate y mermelada para el almuerzo. Desea compartirlo con sus 2 amigos. Encierra en un círculo la palabra que dice cómo debería Blake hacer la partición de su sándwich.

○ mitades ○ tercios ○ cuartos ○ quintos

Pienso

Capítulo 12

Respuesta a la pregunta importante

Muestra las maneras en que puedes usar figuras y partes iguales.

PREGUNTA IMPORTANTE

¿Cómo uso figuras y partes iguales?

Identificar las figuras.

________ ________

Identificar las figuras.

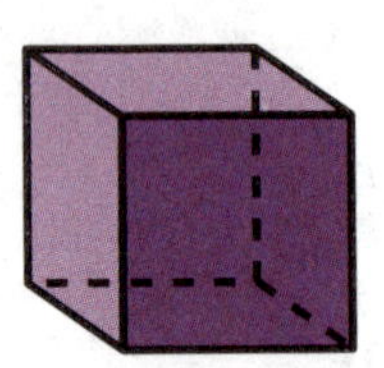

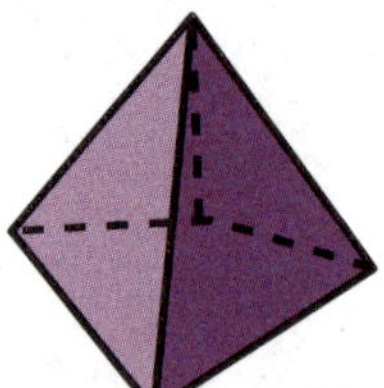

________ ________

Hacer la partición de la figura para que corresponda a la descripción.

tercios

Escribir cuántos cuadrados forman el rectángulo.

_____ cuadrados

¡Disfrútalo!

Glosario/Glossary

Conéctate para consultar el Glosario en línea.

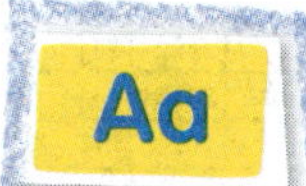

Español	Inglés /English
a. m. Las horas que van desde la medianoche hasta el mediodía.	**A.M.** The hours from midnight until noon.
ángulo Dos lados de una figura bidimensional se encuentran para formar un ángulo.	**angle** Two sides on a two-dimensional shape meet to form an angle.
antes 5 6 7 8 — 6 está justo *antes* del 7.	**before** 5 6 7 8 — 6 is just *before* 7.

Aa

año Período de doce meses.

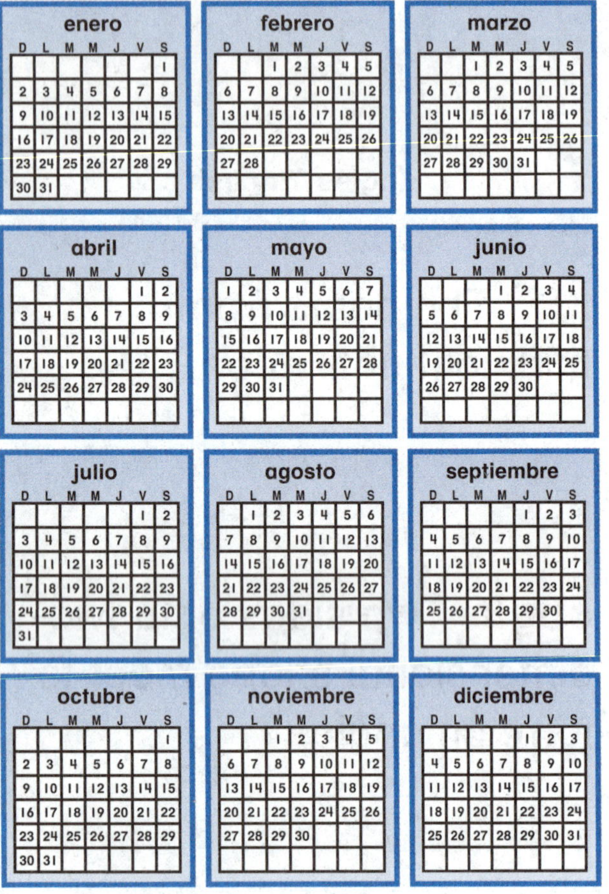

year A way to count how much time has passed or will pass. 1 year = 12 months

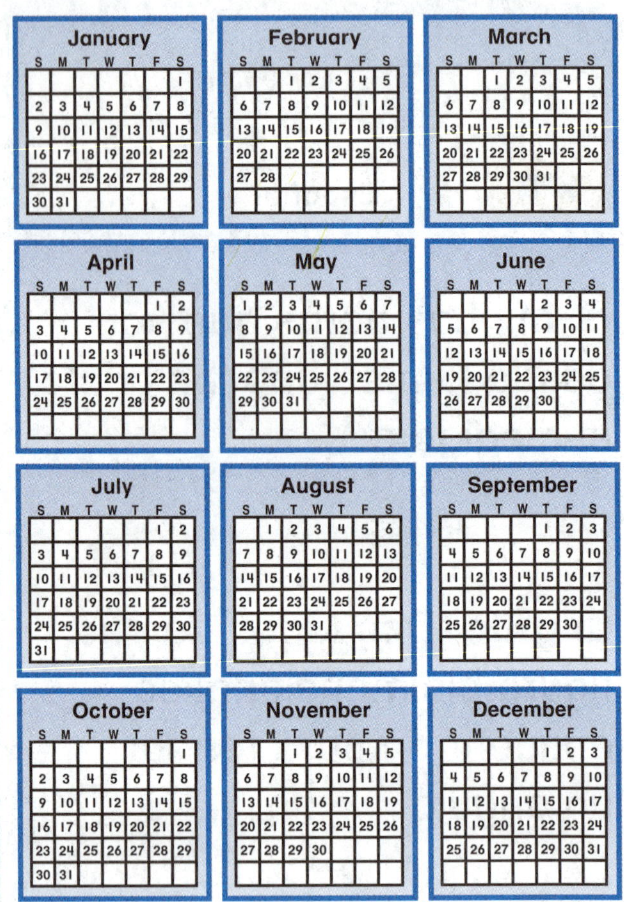

arista Segmento de recta donde se encuentran dos *caras* de una figura tridimensional.

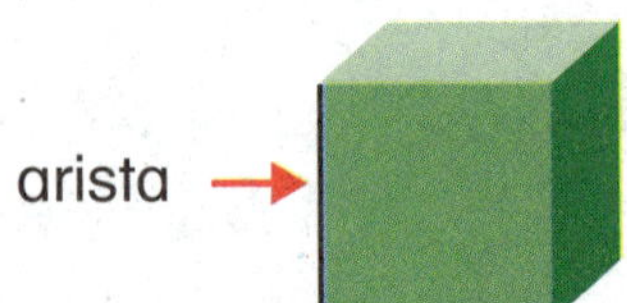

edge The line segment where two *faces* of a three-dimensional shape meet.

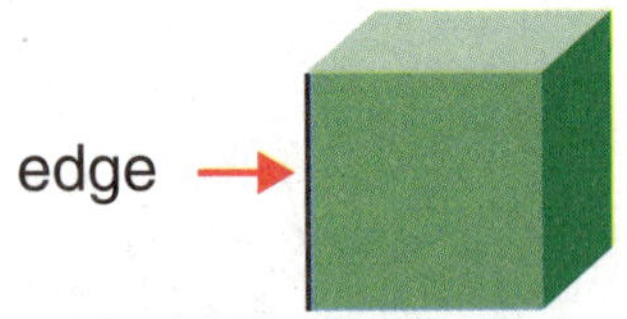

arreglo Objetos organizados en filas y columnas.

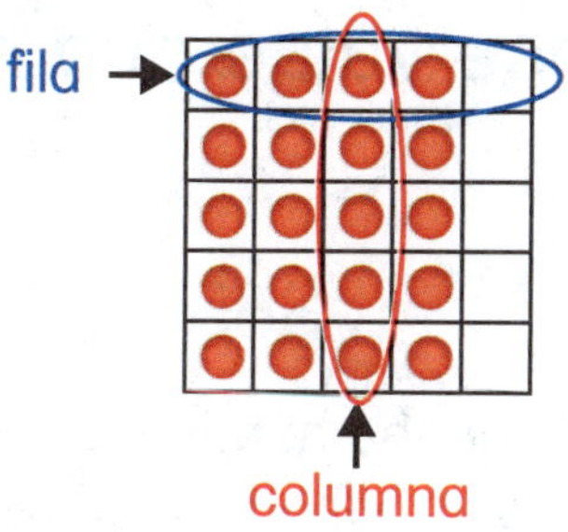

array Objects displayed in rows and columns.

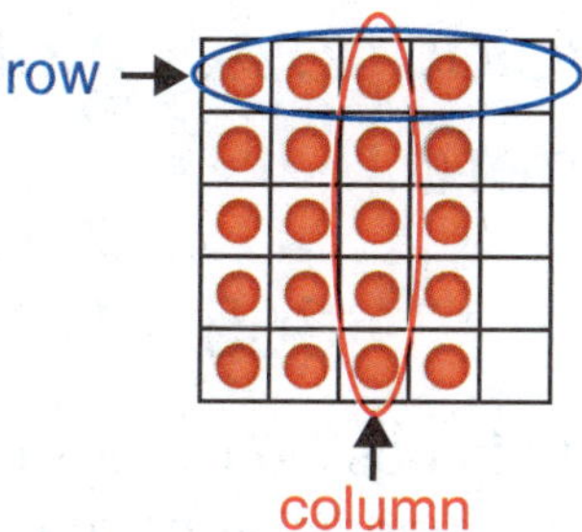

Cc

cara La parte plana de una figura tridimensional.

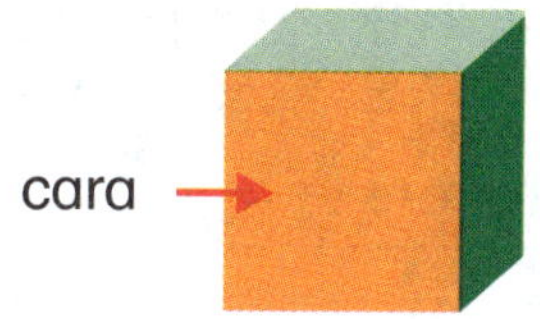

El cuadrado es la cara de un cubo.

face The flat part of a three-dimensional shape.

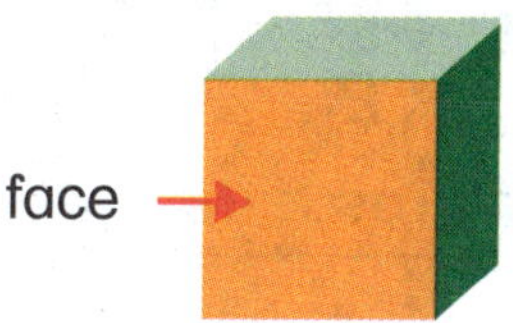

A square is a face of a cube.

casi dobles Operaciones de suma en las cuales un sumando es exactamente 1 más o 1 menos que el otro sumando.

near doubles Addition facts in which one addend is exactly 1 more or 1 less than the other addend.

centavo

1¢ 1 centavo

cent

1¢ 1 cent

centenas Los números en el rango de 100 a 999. Es el valor posicional de un número.

365

3 está en la posición de las centenas.
6 está en la posición de las decenas.
5 está en la posición de las unidades.

hundreds The numbers in the range of 100–999. It is the place value of a number.

365

3 is in the hundreds place.
6 is in the tens place.
5 is in the ones place.

centímetro (cm) Unidad métrica para medir la longitud.

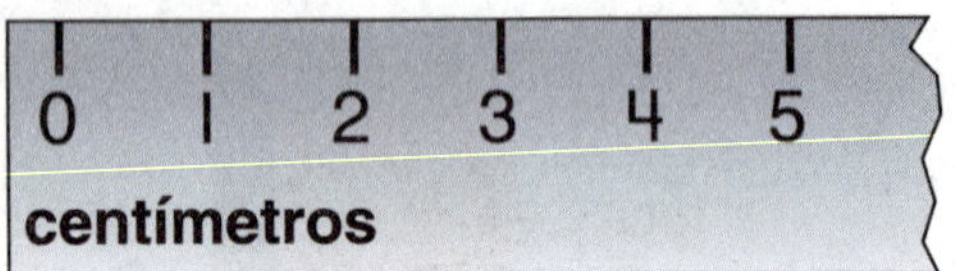

centimeter (cm) A metric unit for measuring length.

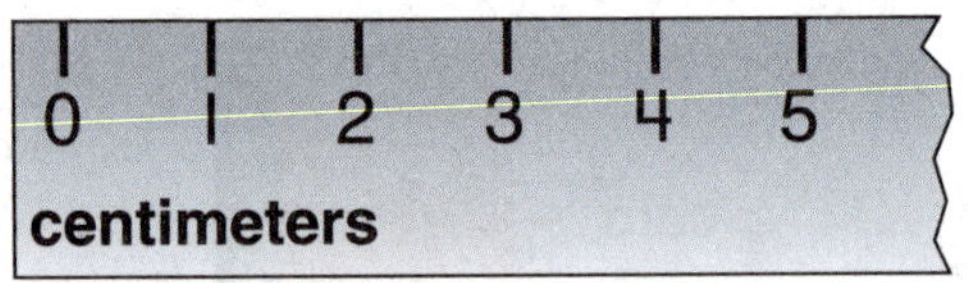

cilindro Figura tridimensional que tiene la forma de una lata.

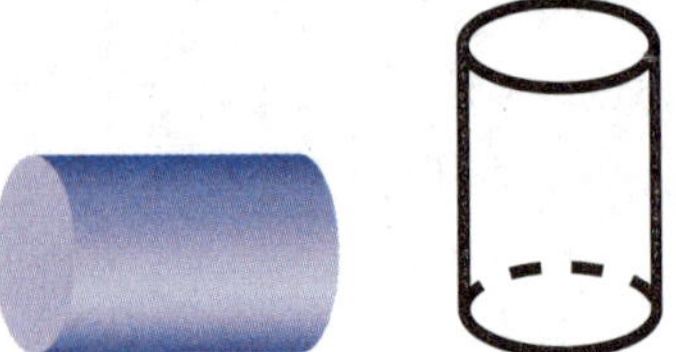

cylinder A three-dimensional shape that is shaped like a can.

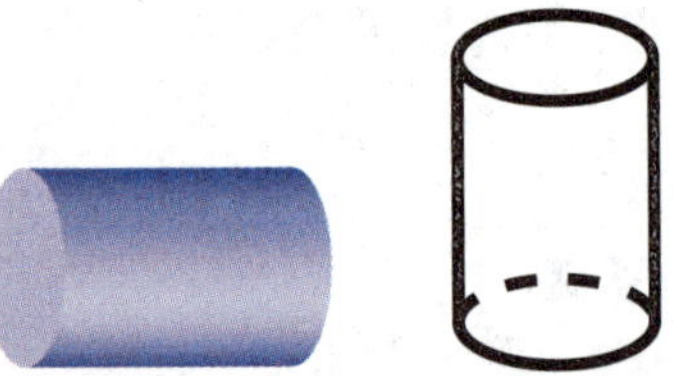

círculo Figura bidimensional redonda y cerrada.

circle A closed, round two-dimensional shape.

clave Indica qué o cuánto representa cada símbolo.

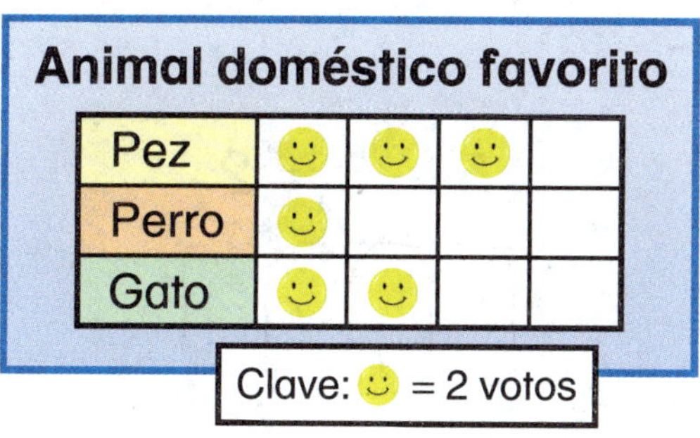

Animal doméstico favorito

Pez	☺	☺	☺	
Perro	☺			
Gato	☺	☺		

Clave: ☺ = 2 votos

key Tells what (or how many) each symbol stands for.

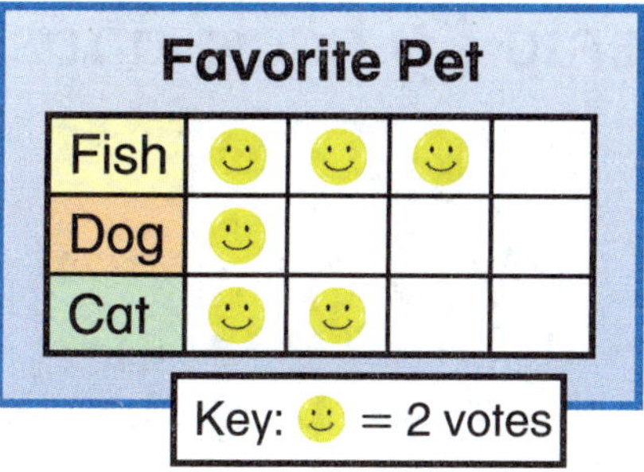

Favorite Pet

Fish	☺	☺	☺	
Dog	☺			
Cat	☺	☺		

Key: ☺ = 2 votes

comparar Observar objetos, formas o números para saber en qué se parecen o en qué se diferencian.

compare Look at objects, shapes, or numbers and see how they are alike or different.

Cc

cono Figura tridimensional que se estrecha hasta un punto desde una cara circular.

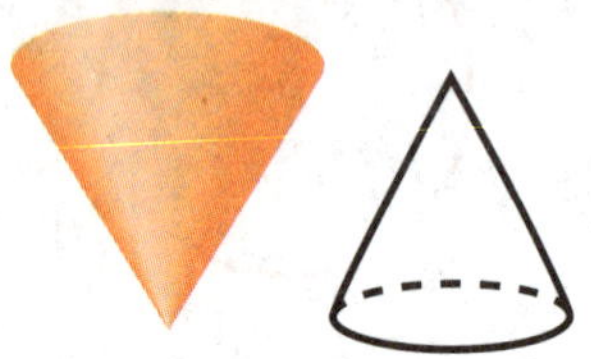

cone A three-dimensional shape that narrows to a point from a circular face.

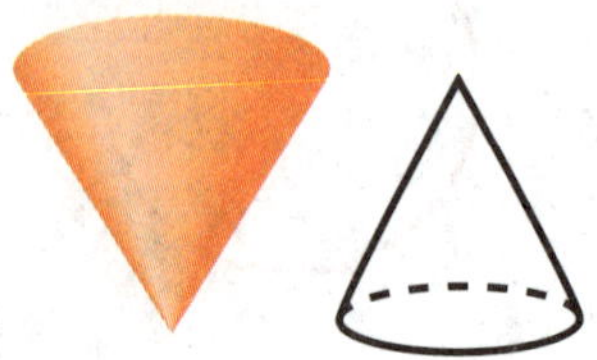

contar hacia atrás En una recta numérica, empieza en un número mayor (5) y cuenta (3) hacia atrás.

$5 - 3 = 2$

2 3 4 **5** 6

count back On a number line, start at the greater number (5) and count back (3).

$5 - 3 = 2$

2 3 4 **5** 6

contar salteado Contar objetos en grupos iguales de dos o más.

2, 4, 6, 8, 10

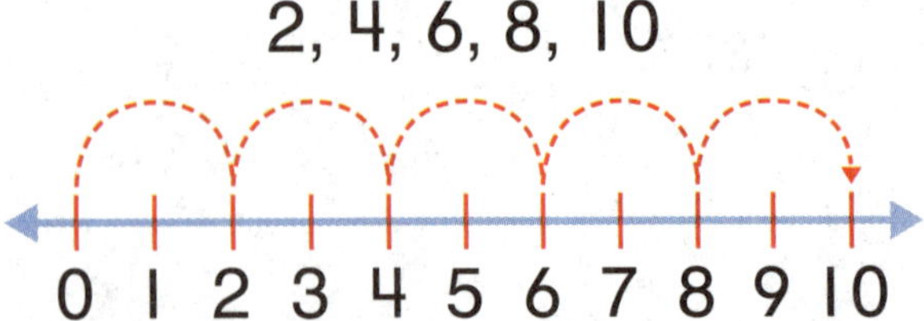

skip count Count objects in equal groups of two or more.

2, 4, 6, 8, 10

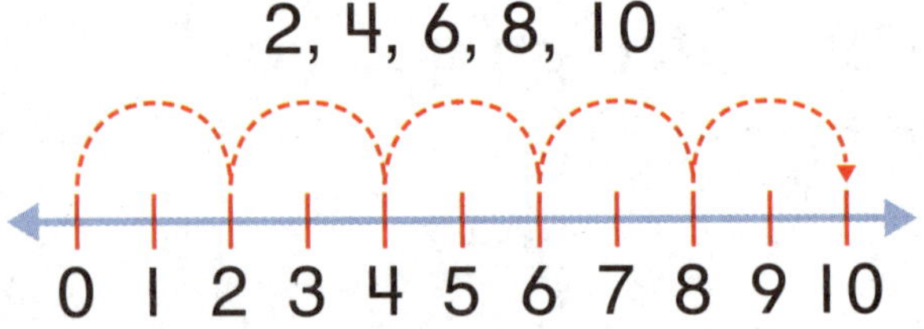

cuadrado Figura bidimensional que tiene cuatro lados iguales. También es un rectángulo.

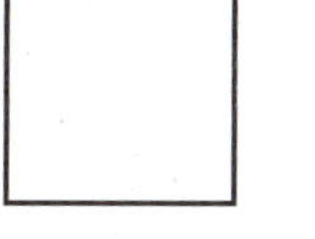

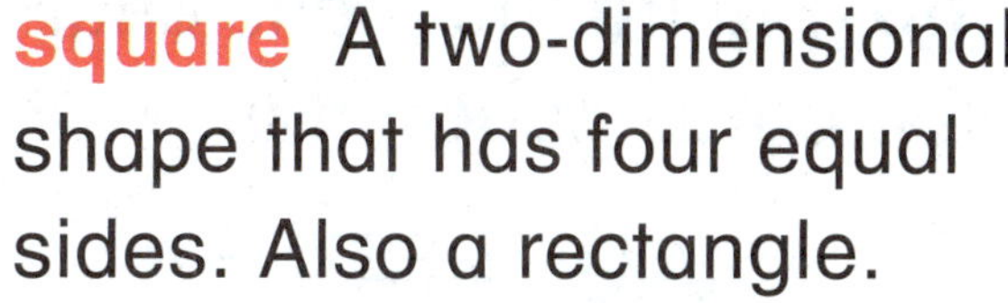

square A two-dimensional shape that has four equal sides. Also a rectangle.

cuadrilátero Figura con 4 lados y 4 ángulos.

quadrilateral A shape that has 4 sides and 4 angles.

cuarto de hora Un cuarto de hora es 15 minutos. A veces se dice *y cuarto* o *menos cuarto*.

quarter hour A quarter hour is 15 minutes. Sometimes called *quarter past* or *quarter til*.

cuartos Cuatro partes iguales de un entero. Cada parte es un cuarto, o la cuarta parte del entero.

fourths Four equal parts of a whole. Each part is a fourth, or a quarter of the whole.

Cc

cubo Figura tridimensional con 6 caras cuadradas.

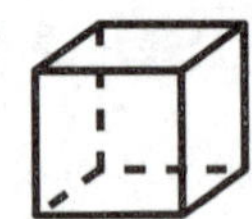

cube A three-dimensional shape with 6 square faces.

Dd

datos Números o símbolos que se recopilan mediante una encuesta o experimento para mostrar información.

Nombre	Número de mascotas
María	3
James	1
Alonzo	4

data Numbers or symbols, sometimes collected from a survey or experiment, that show information. *Data* is plural.

Name	Number of Pets
Mary	3
James	1
Alonzo	4

decenas Los números en el rango de 10 a 99. Es el valor posicional de un número.

65

6 está en la posición de las decenas.
5 está en la posición de las unidades.

tens The numbers in the range of 10–99. It is the place value of a number.

65

6 is in the tens place.
5 is in the ones place.

deslizar Trasladar una figura a una nueva posición.

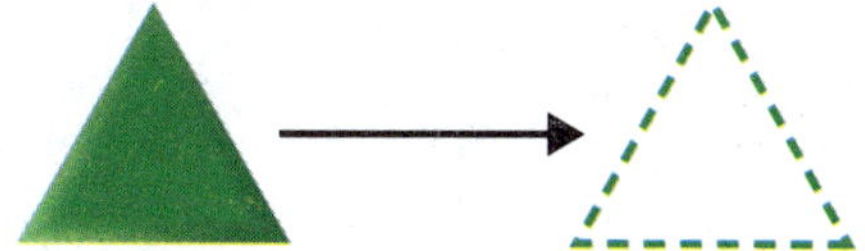

deslizar

slide To move a shape in any direction to another place.

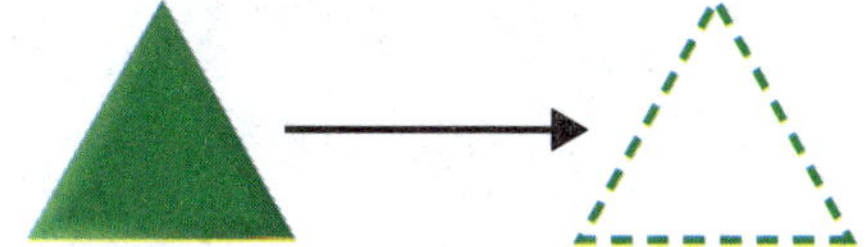

slide

después Que sigue en lugar o en tiempo.

6 está justo *después* del 5.

after Follow in place or time.

6 is just *after* 5.

día 1 día = 24 horas
Ejemplos: domingo, lunes, martes, miércoles, jueves, viernes y sábado

day 1 day = 24 hours
Examples: Sunday, Monday, Tuesday, Wednesday, Thursday, Friday, Saturday

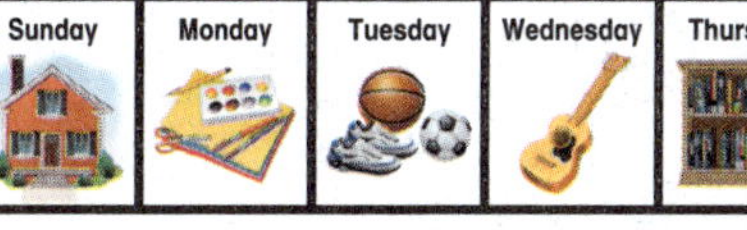

diagrama lineal Gráfica que muestra con qué frecuencia aparece cierto número en los datos.

line plot A graph that shows how often a certain number occurs in data.

Dd

diferencia Resultado de un problema de resta.

$$3 - 1 = 2$$

La diferencia es 2.

difference The answer to a subtraction problem.

$$3 - 1 = 2$$

The difference is 2.

dígito Símbolo que se utiliza para escribir números. Los diez dígitos son 0, 1, 2, 3, 4, 5, 6, 7, 8, 9.

digit A symbol used to write numbers. The ten digits are 0, 1, 2, 3, 4, 5, 6, 7, 8, 9.

dobles (y casi dobles) Dos sumandos que son el mismo número.

$6 + 6 = 12$ ← dobles

$6 + 7 = 13$ ← casi dobles

doubles (and near doubles) Two addends that are the same number.

$6 + 6 = 12$ ← doubles

$6 + 7 = 13$ ← near doubles

dólar un dólar = 100¢ o 100 centavos. También se puede escribir $1.00 o $1.

frente

reverso

dollar one dollar = 100¢ or 100 cents. It can also be written as $1.00 or $1.

front

back

en punto El momento en que comienza cada hora.

Son las 7 en punto.

o'clock At the beginning of the hour.

It is 7 o'clock.

encuesta Recopilación de datos haciendo la misma pregunta a un grupo de personas.

Animal favorito	
Perro	𝍸 I
Gato	𝍸

Esta encuesta muestra los animales favoritos.

survey Collect data by asking people the same question.

Favorite Animal	
Dog	𝍸 I
Cat	𝍸

This survey shows favorite animals.

entero La cantidad total o el objeto completo.

whole The entire amount or object.

entre

47 48 49 50

49 está *entre* 48 y 50.

between

47 48 49 50

49 is *between* 48 and 50.

Ee

esfera Figura tridimensional que tiene la forma de una pelota redonda.

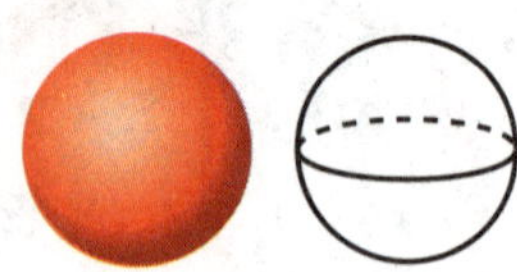

sphere A three-dimensional shape that has the shape of a round ball.

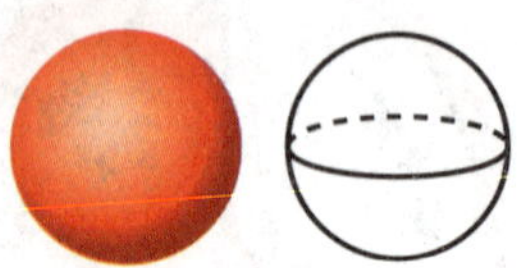

estimar Hallar un número cercano a la cantidad exacta.

47 + 22 se redondea a 50 + 20.
La estimación es 70.

estimate Find a number close to an exact amount.

47 + 22 rounds to 50 + 20.
The estimate is 70.

Ff

familia de operaciones Enunciados de suma y de resta que tienen los mismos números.

$6 + 7 = 13$ $\quad$ $13 - 7 = 6$
$7 + 6 = 13$ $\quad$ $13 - 6 = 7$

fact family Addition and subtraction sentences that use the same numbers.

$6 + 7 = 13$ $\quad$ $13 - 7 = 6$
$7 + 6 = 13$ $\quad$ $13 - 6 = 7$

figura bidimensional
Contorno de una figura, como un triángulo, un cuadrado o un rectángulo, que tiene solo *largo* y *ancho*.

two-dimensional shape
The outline of a shape - such as a triangle, square, or rectangle - that has only *length* and *width*.

figura tridimensional
Figura que tiene largo, ancho y alto.

three-dimensional shape
A shape that has length, width, and height.

forma desarrollada
La representación de un número como una suma que muestra el valor de cada dígito. También se llama *notación desarrollada*.

536 se escribe como 500 + 30 + 6.

expanded form
The representation of a number as a sum that shows the value of each digit. Sometimes called *expanded notation*.

536 is written as 500 + 30 + 6.

Gg

gráfica con imágenes Gráfica que tiene distintas imágenes para ilustrar la información recopilada.

Cómo llego a la escuela

En autobús									
En bicicleta									
Caminando									

picture graph A graph that has different pictures to show information collected.

How I Get to School

Bus									
Bike									
Walk									

gráfica de barras Gráfica que usa barras para ilustrar datos.

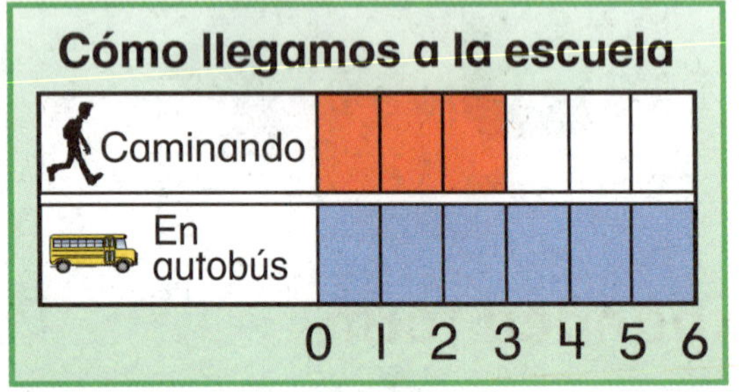

bar graph A graph that uses bars to show data.

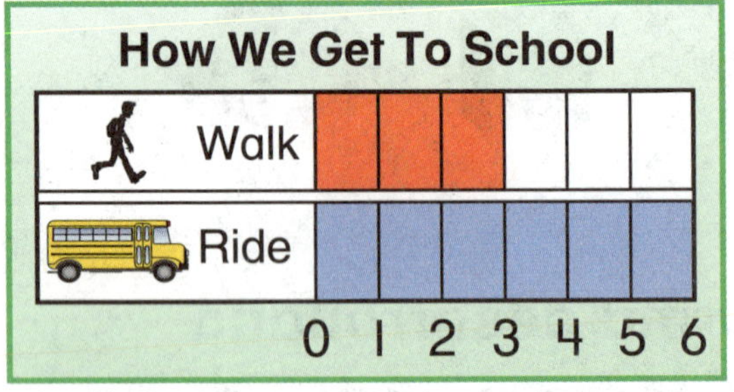

grupo Conjunto de objetos.

1 grupo de 4

group A set of objects.

1 group of 4

grupos iguales Cada grupo tiene el mismo número de objetos.

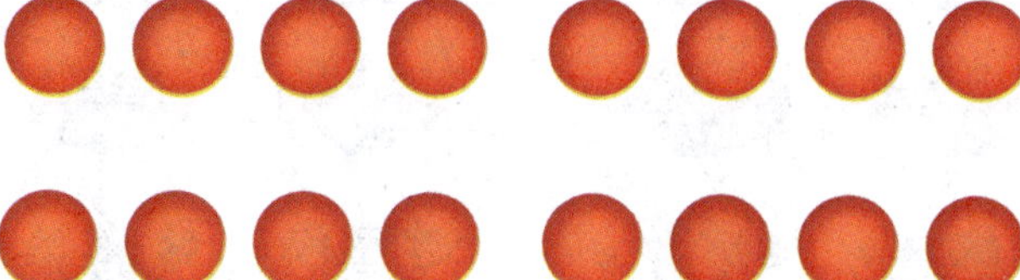

Hay cuatro grupos iguales de fichas.

equal groups Each group has the same number of objects.

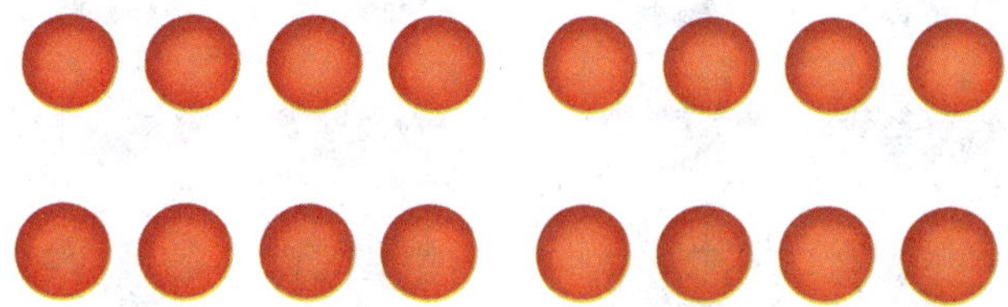

There are four equal groups of counters.

Hh

hexágono Figura bidimensional que tiene seis lados.

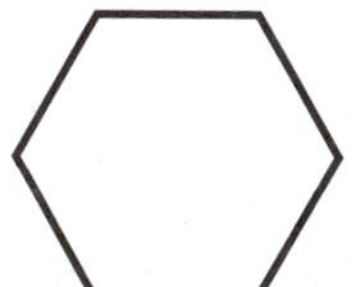

hexagon A 2-dimensional shape that has six sides.

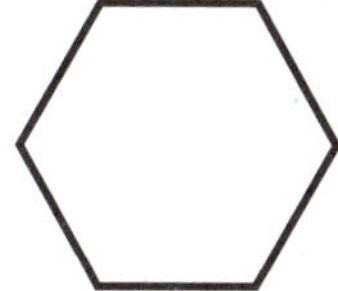

hora Unidad para medir el tiempo.

1 hora = 60 minutos

hour A unit to measure time.

1 hour = 60 minutes

igual a (=)

$6 = 6$

6 es *igual a* o lo mismo que 6.

equal to (=)

$6 = 6$

6 is *equal to* or the same as 6.

lado Uno de los segmentos de recta que componen una figura.

El pentágono tiene cinco lados.

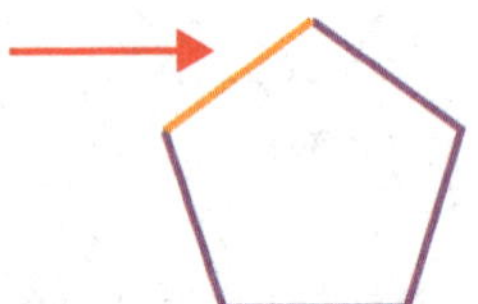

side One of the line segments that make up a shape.

A pentagon has five sides.

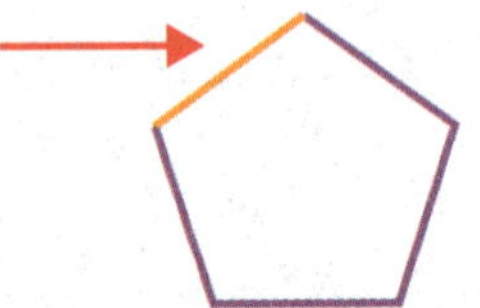

longitud El largo de algo o lo lejos que está.

longitud

length How long or how far away something is.

length

manecilla horaria Manecilla del reloj que indica la hora. Es la más corta.

hour hand The hand on a clock that tells the hour. It is the shorter hand.

marcas de conteo Marcas que se usan para registrar los datos recopilados en una encuesta.

marcas de conteo

tally marks A mark used to record data collected in a survey.

tally marks

mayor que (>)

$7 > 2$

7 es mayor que 2.

greater than (>)

$7 > 2$

7 is greater than 2.

Mm

media hora (o y media)

Unidad para medir el tiempo. A veces se dice *y media.*

media hora = 30 minutos

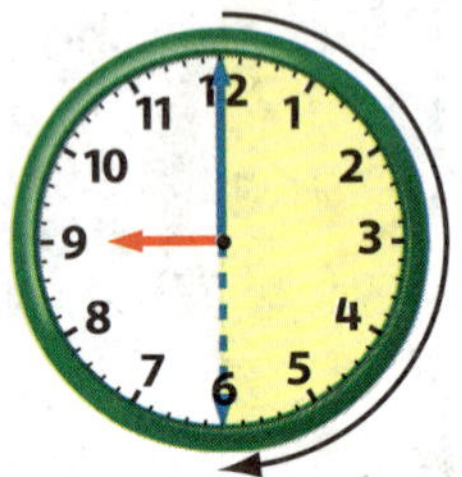

half hour (or half past)

A unit to measure time. Sometimes called *half past* or *half past the hour.*

a half hour = 30 minutes

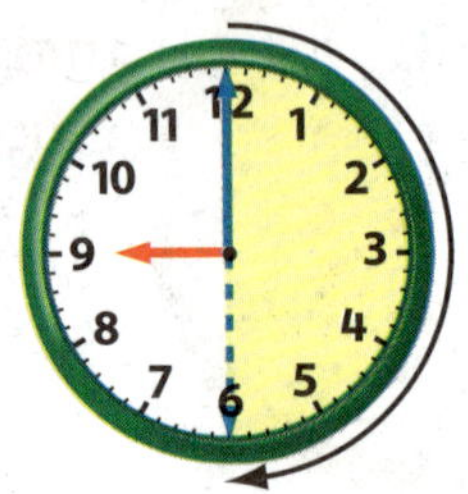

medir Hallar la longitud, altura, peso, capacidad o temperatura usando unidades estándares o no estándares.

measure To find the length, height, weight, capacity, or temperature using standard or nonstandard units.

menor que (<)

$4 < 7$

4 es menor que 7.

less than (<)

$4 < 7$

4 is less than 7.

mes Unidad de tiempo.
12 meses = 1 año

domingo	lunes	martes	miércoles	jueves	viernes	sábado
		1	2	3	4	5
6	7	8	9	10	11	12
13	14	15	16	17	18	19
20	21	22	23	24	25	26
27	28	29	30			

Abril

Este es el mes de abril.

month A unit of time.
12 months = 1 year

Sunday	Monday	Tuesday	Wednesday	Thursday	Friday	Saturday
		1	2	3	4	5
6	7	8	9	10	11	12
13	14	15	16	17	18	19
20	21	22	23	24	25	26
27	28	29	30			

April

This is the month of April.

metro (m) Unidad métrica para medir la longitud.

1 metro = 100 centímetros

meter (m) A metric unit for measuring length.

1 meter = 100 centimeters

millar(es) Los números en el rango de 1,000 a 9,999. Es el valor posicional de un número.

1,365

1 está en la posición de los millares.
3 está en la posición de las centenas.
6 está en la posición de las decenas.
5 está en la posición de las unidades.

thousand(s) The numbers in the range of 1,000–9,999. It is the place value of a number.

1,365

1 is in the thousands place.
3 is in the hundreds place.
6 is in the tens place.
5 is in the ones place.

Mm

minutero La manecilla más larga del reloj, que indica los minutos.

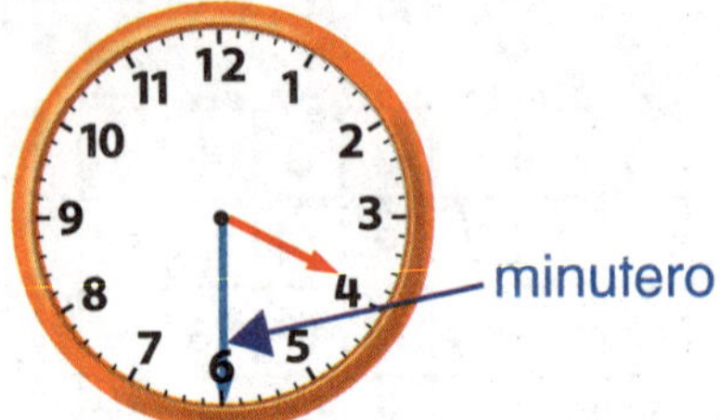

minute hand The longer hand on a clock that tells the minutes.

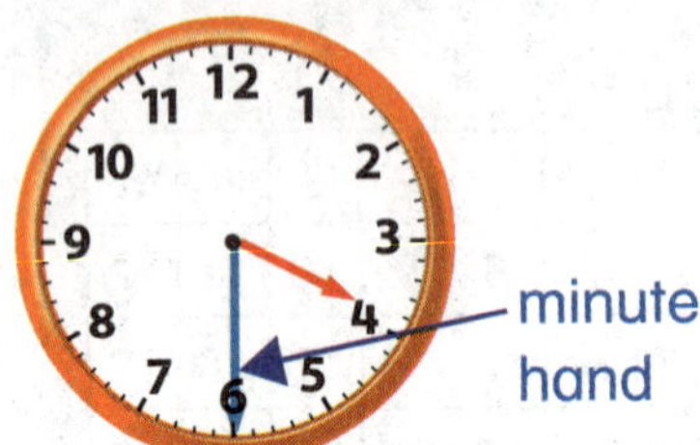

minuto (min) Unidad para medir el tiempo. Cada marca es un minuto.

1 minuto = 60 segundos

minute (min) A unit to measure time. Each tick mark is one minute.

1 minute = 60 seconds

mitades Dos partes iguales de un entero. Cada parte es la mitad de un entero.

halves Two equal parts of a whole. Each part is a half of the whole.

moneda de 5¢ moneda de cinco centavos = 5¢ o 5 centavos

cara cruz

nickel nickel = 5¢ or 5 cents

head tail

moneda de 10¢ moneda de diez centavos = 10¢ o 10 centavos

cara cruz

dime dime = 10¢ or 10 cents

head tail

moneda de 1¢ moneda de un centavo = 1¢ o 1 centavo

cara cruz

penny penny = 1¢ or 1 cent

head tail

moneda de 25¢ moneda de 25 centavos = 25¢ o 25 centavos

cara cruz

quarter quarter = 25¢ or 25 cents

head tail

Nn

número impar Los números que terminan en 1, 3, 5, 7, 9.

odd number Numbers that end with 1, 3, 5, 7, 9.

número par Los números que terminan en 0, 2, 4, 6, 8.

even number Numbers that end with 0, 2, 4, 6, 8.

operaciones inversas Operaciones que son opuestas entre sí.

La suma y la resta son operaciones inversas u opuestas.

inverse Operations that are opposite of each other.

Addition and subtraction are inverse or opposite operations.

operaciones relacionadas Operaciones básicas en las que se usan los mismos números. También se llaman *familias de operaciones*.

$4 + 1 = 5$ $\quad$ $5 - 4 = 1$

$1 + 4 = 5$ $\quad$ $5 - 1 = 4$

related fact(s) Basic facts using the same numbers. Sometimes called a *fact family*.

$4 + 1 = 5$ $\quad$ $5 - 4 = 1$

$1 + 4 = 5$ $\quad$ $5 - 1 = 4$

orden

1, 3, 6, 8, 10

Estos números están en orden de menor a mayor.

order

1, 3, 6, 8, 10

These numbers are in order from least to greatest.

p. m. Las horas que van desde el mediodía hasta la medianoche.

P.M. The hours from noon until midnight.

paralelogramo Figura bidimensional que tiene cuatro lados. Cada par de lados opuestos son iguales y paralelos.

parallelogram A two-dimensional shape that has four sides. Each pair of opposite sides is equal and parallel.

partes iguales Cada parte es del mismo tamaño.

Este sándwich está cortado en 2 partes iguales.

equal parts Each part is the same size.

This sandwich is cut into 2 equal parts.

partición Acción de dividir o separar.

partition To divide or "break up."

Pp

patrón Orden que sigue continuamente un conjunto de objetos o números.

pattern An order that a set of objects or numbers follows over and over.

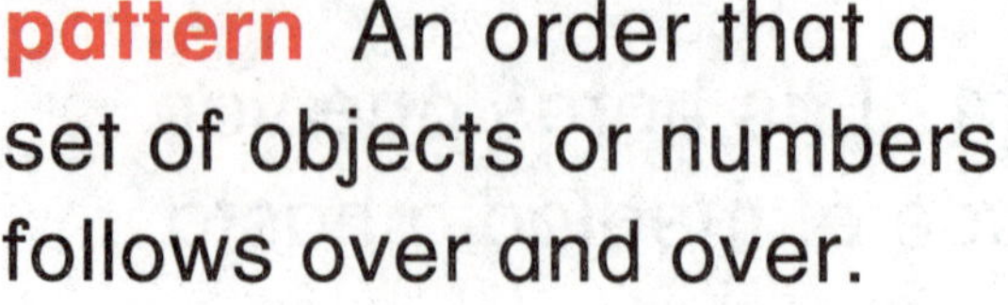

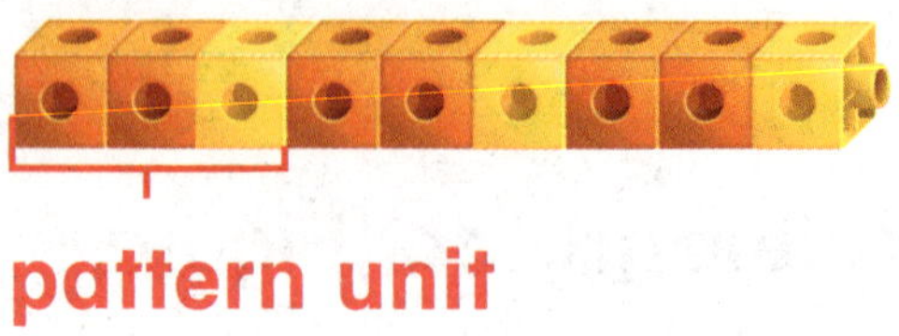

pentágono Polígono con cinco lados.

pentagon A polygon with five sides.

pie Unidad usual para medir la longitud.

1 pie = 12 pulgadas

foot (ft) A customary unit for measuring length. Plural is feet.

1 foot = 12 inches

pirámide Figura tridimensional con un polígono como base y otras caras que son triángulos.

pyramid A three-dimensional shape with a polygon as a base and other faces that are triangles.

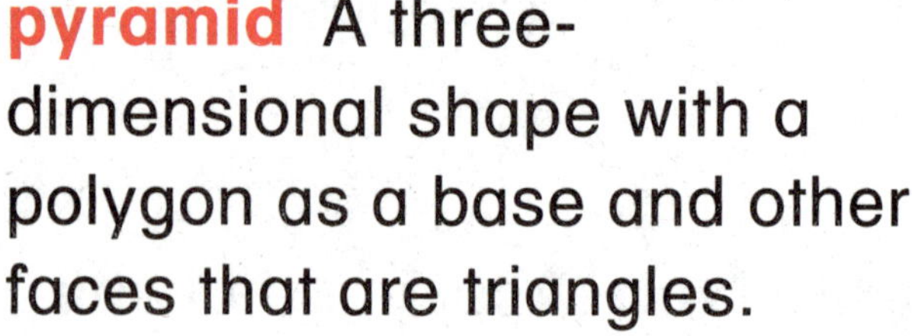

prisma rectangular Figura tridimensional con 6 caras que son rectángulos.

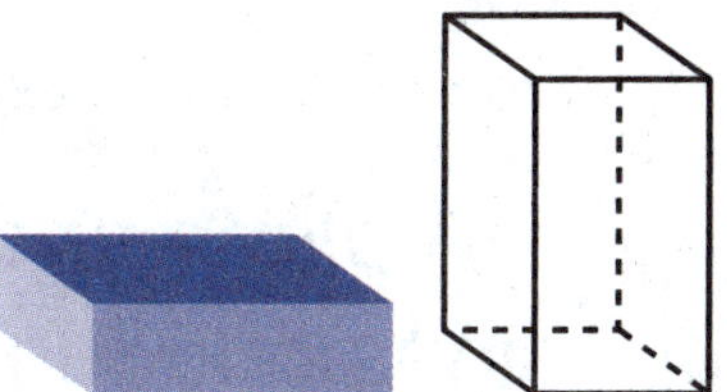

rectangular prism A three-dimensional shape with 6 faces that are rectangles.

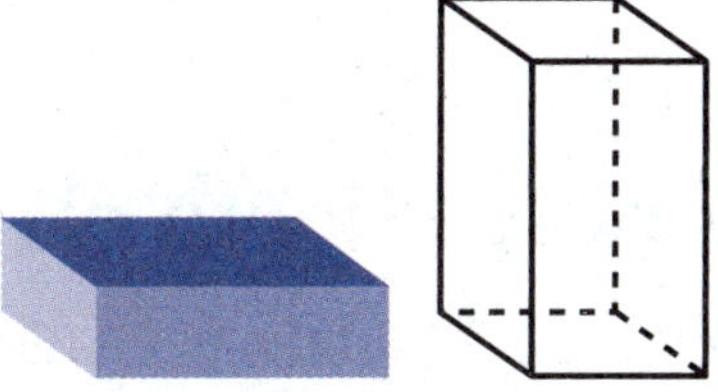

pulgada (pulg) Unidad usual para medir la longitud. El plural es *pulgadas*.

12 pulgadas = 1 pie

inch (in) A customary unit for measuring length. The plural is *inches*.

12 inches = 1 foot

reagrupar Descomponer un número para escribirlo de una nueva forma.

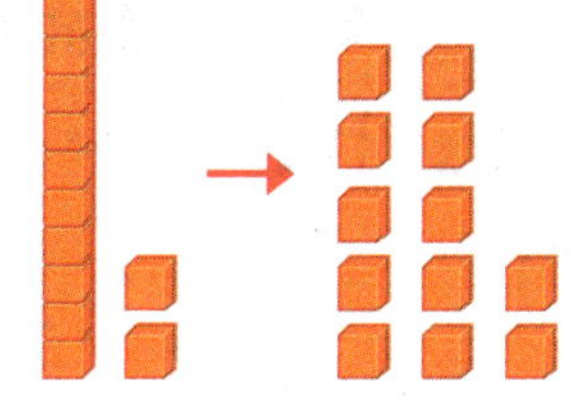

1 decena + 2 unidades se convierten en 12 unidades.

regroup Take apart a number to write it in a new way.

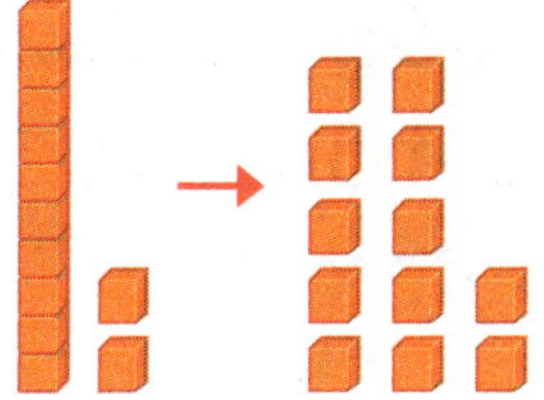

1 ten + 2 ones becomes 12 ones.

recta numérica Recta con marcas de números.

number line A line with number labels.

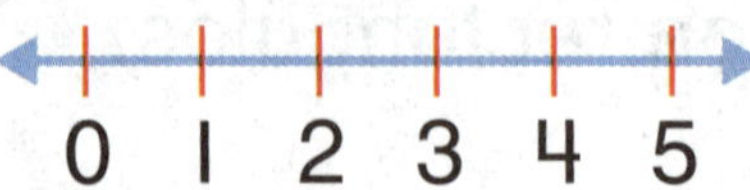

rectángulo Figura plana con cuatro lados y cuatro esquinas.

rectangle A plane shape with four sides and four corners.

redondear Cambiar el *valor* de un número a uno con el que es más fácil trabajar.

24 redondeado a la decena más cercana es 20.

round Change the *value* of a number to one that is easier to work with.

24 rounded to the nearest ten is 20.

reloj analógico Reloj que tiene una manecilla horaria y un minutero.

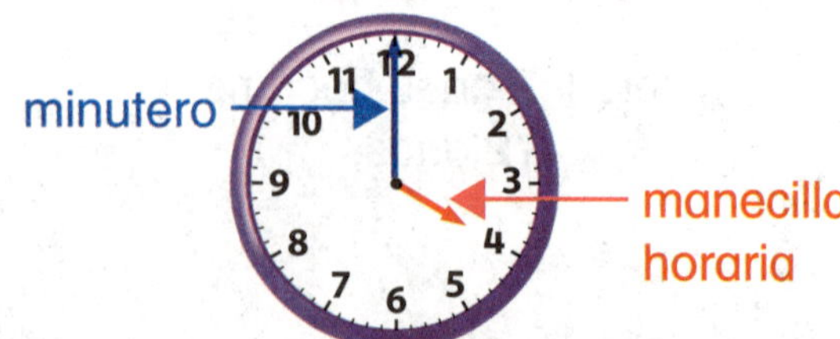

analog clock A clock that has an hour hand and a minute hand.

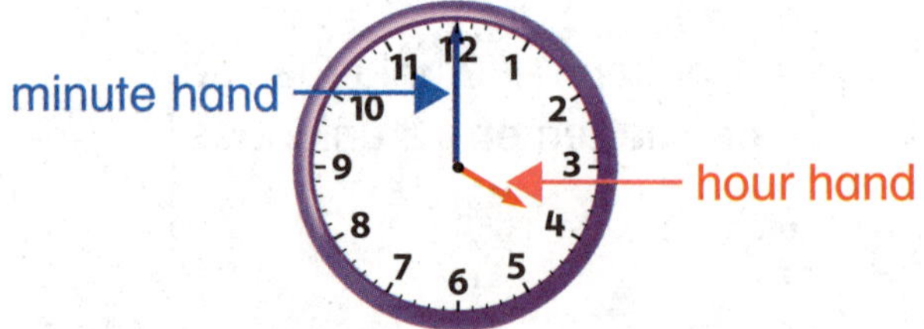

reloj digital Reloj que marca la hora solo con números.

digital clock A clock that uses only numbers to show time.

restar (resta)
Eliminar, quitar, separar o hallar la diferencia entre dos conjuntos. Lo opuesto de *sumar*.

$5 - 5 = 0$

subtract (subtraction)
Take away, take apart, separate, or find the difference between two sets. The opposite of *add*.

$5 - 5 = 0$

rombo Paralelogramo con cuatro lados de la misma longitud.

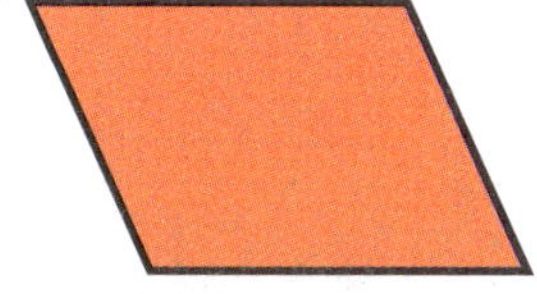

rhombus A shape with 4 sides of the same length.

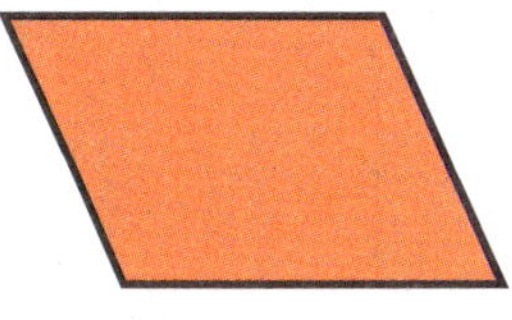

Ss

seguir contando (o contar hacia delante) En una recta numérica, empieza en el primer sumando (4) y cuenta (2) hacia delante.

$4 + 2 = 6$

3 4 5 6 7

count on On a number line, start at the first addend (4) and count on (2).

$4 + 2 = 6$

3 4 5 6 7

semana Parte de un calendario.
una semana = 7 días

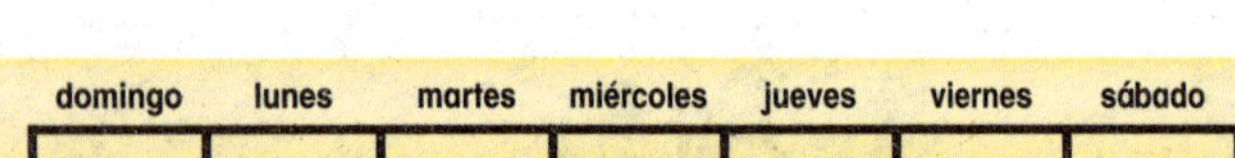

week A part of a calendar.
1 week = 7 days

signo de centavo (¢) Signo que se usa para representar centavos.

1¢

5¢

cent sign (¢) The sign used to show cents.

1¢

5¢

signo de dólar ($) Signo que se usa para representar dólares.

un dólar = $1 o $1.00

dollar sign ($) The sign used to show dollars.

one dollar = $1 or $1.00

símbolo Letra o figura que representa algo.

Este símbolo significa sumar.

symbol A letter or figure that stands for something.

This symbol means to add.

suma Resultado de la operación de sumar.

$2 + 4 = 6$

sum The answer to an addition problem.

$2 + 4 = 6$

suma repetida Se usa el mismo sumando una y otra vez.

repeated addition To use the same addend over and over.

sumando Cada uno de los números o cantidades que se suman.

En 2 + 3 = 5, 2 es un sumando y 3 es un sumando.

$$2 + 3 = 5$$

addend Any numbers or quantities being added together.

In 2 + 3 = 5, 2 is an addend and 3 is an addend.

$$2 + 3 = 5$$

sumando que falta El número que falta en un enunciado numérico que hace que este sea verdadero.

$$9 + \square = 16$$

El sumando que falta es 7.

missing addend The missing number in a number sentence that makes the number sentence true.

$$9 + \square = 16$$

The missing addend is 7.

sumar (suma) Unir conjuntos para hallar el total o la suma. Lo opuesto de *restar*.

$$2 + 5 = 7$$

add (addition) Join together sets to find the total or sum. The opposite of *subtract*.

$$2 + 5 = 7$$

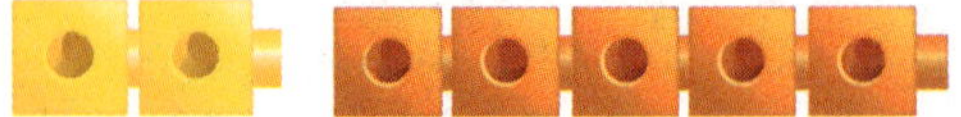

Tt

tercios Tres partes iguales.

thirds Three equal parts.

trapecio Figura bidimensional de cuatro lados y solo dos lados opuestos que son paralelos.

trapezoid A two-dimensional shape with four sides and only two opposite sides that are parallel.

triángulo Figura bidimensional de tres lados y tres ángulos.

triangle A two-dimensional shape with three sides and three angles.

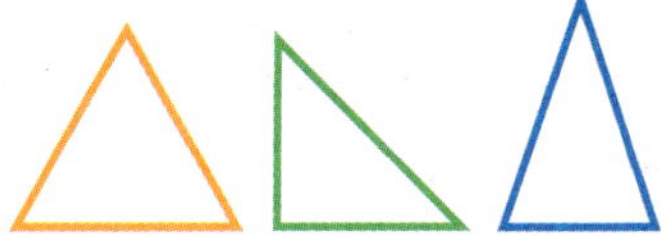

Uu

unidades Los números en el rango de 0 a 9. Valor posicional de un número.

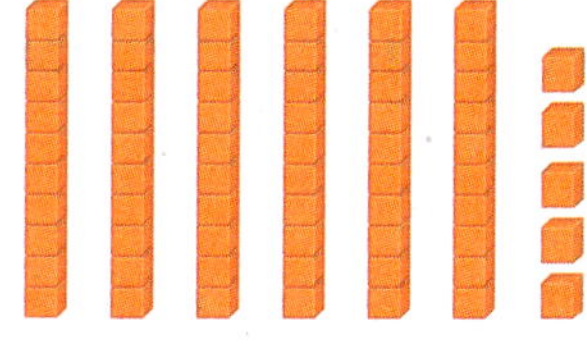

65

El 5 está en la posición de las unidades.

ones The numbers in the range of 0-9. A place value of a number.

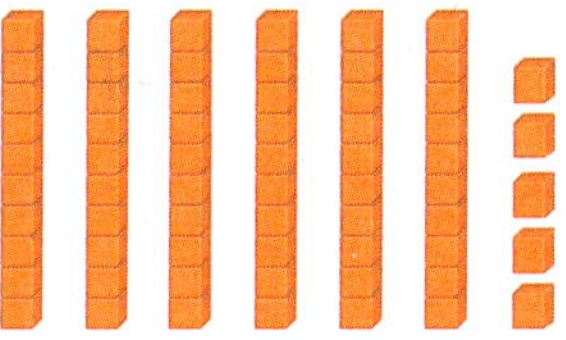

65

5 is in the ones place.

Vv

valor posicional El valor dado a un *dígito* según su posición en un número.

1,365

1 está en la posición de los millares.
3 está en la posición de las centenas.
6 está en la posición de las decenas.
5 está en la posición de las unidades.

place value The value given to a *digit* by its place in a number.

1,365

1 is in the thousands place.
3 is in the hundreds place.
6 is in the tens place.
5 is in the ones place.

vértice

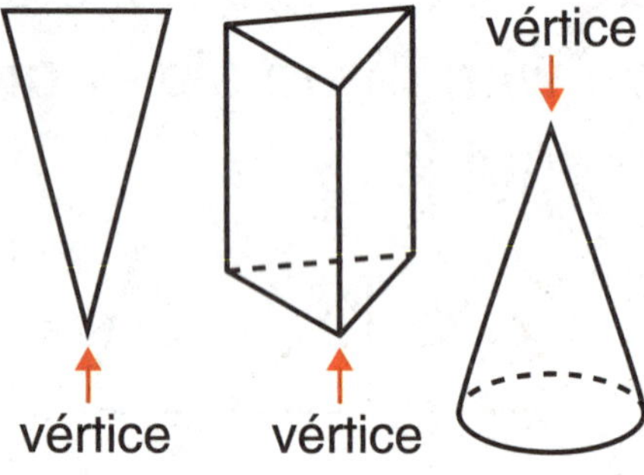

vertex

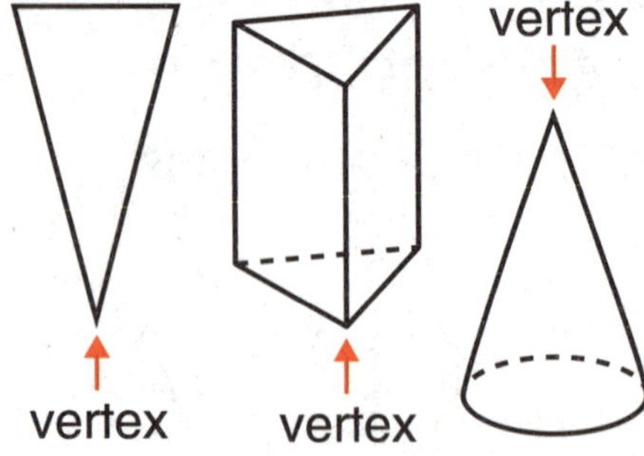

Yy

yarda (yd) Unidad usual para medir la longitud.

1 yarda = 3 pies o 36 pulgadas

yard (yd) A customary unit for measuring length.

1 yard = 3 feet or 36 inches

Nombre ....

Tablero de trabajo 3: Rectas numéricas

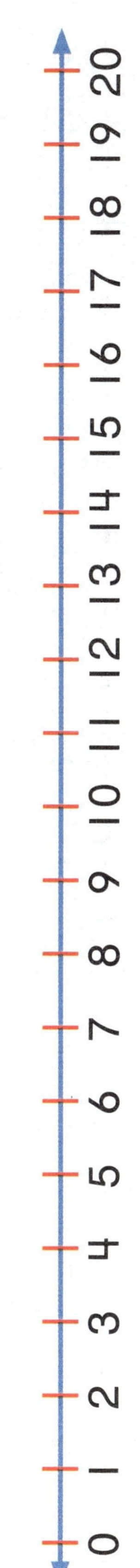

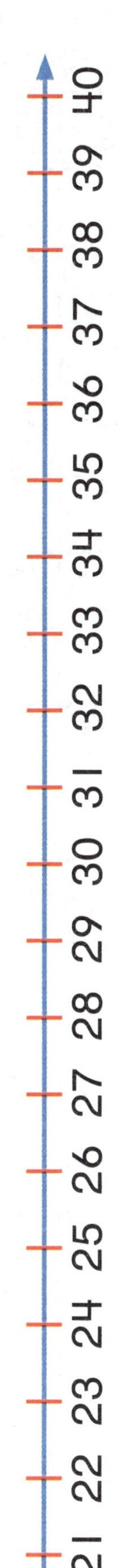

Tablero de trabajo 4: Rectas numéricas